北京市种植农产品
风险防控手册（2024版）

◎ 黄宝勇　杨红菊　方　芳　主编

U0306439

中国农业科学技术出版社

图书在版编目（CIP）数据

北京市种植农产品风险防控手册：2024 版 / 黄宝勇，
杨红菊，方芳主编 . -- 北京：中国农业科学技术出版社，
2024.5

ISBN 978-7-5116-6807-3

Ⅰ . ①北…　Ⅱ . ①黄…　②杨…　③方…　Ⅲ . ①蔬菜—
农药残留—风险管理—北京—手册　Ⅳ . ① S481-62

中国国家版本馆 CIP 数据核字（2024）第 093923 号

责任编辑　张　羽　张国锋
责任校对　王　彦
责任印制　姜义伟　王思文

出 版 者　中国农业科学技术出版社
　　　　　　北京市中关村南大街 12 号　　邮编：100081
电　　话　（010）82109705（编辑室）　（010）82106624（发行部）
　　　　　　（010）82109709（读者服务部）
网　　址　https://castp.caas.cn
经 销 者　各地新华书店
印 刷 者　北京中科印刷有限公司
开　　本　170 mm×240 mm　1/16
印　　张　11.5
字　　数　230 千字
版　　次　2024 年 5 月第 1 版　2024 年 5 月第 1 次印刷
定　　价　59.00 元

编委会

前　言

　　近年来，北京市狠抓重要农产品稳产保供，实施蔬菜产业高质量发展行动计划，全力丰富和保障首都市民的"菜篮子"。2023 年，北京市农业（种植业）产值 135.6 亿元，蔬菜及食用菌产量 207.5 万吨，蔬菜自给率已经达到 31.3%，种植农产品质量安全控制状况受到广泛关注和全社会的高度重视。

　　为帮助京郊广大种植农产品生产经营主体、农产品质量安全检测技术人员和基层农产品质量安全监管人员及时了解北京市重点种植农产品风险现状，有针对性地开展相关工作，进一步提高质量安全控制水平，确保上市种植农产品质量安全，北京市农产品质量安全中心组织相关技术人员立足于种植农产品生产中病虫害防控和农药使用现状，结合历年来开展种植农产品质量安全监测和控制工作的经验，编写了《北京市种植农产品风险防控手册（2024 版）》。本手册收载了豇豆、韭菜、芹菜、草莓、辣椒及甜椒、黄瓜、番茄、普通白菜、茼蒿、生菜等 10 种种植农产品农药残留风险物质情况、登记农药情况和风险防控技术等。未来还将结合形势变化，不断更新完善。

　　由于时间仓促，本手册在编写过程中难免有疏漏之处，敬请广大读者批评指正。

编　者

2024 年 3 月

目　录

第一章　概　述···1

　　第一节　农产品中农药残留风险问题 ··················· 1

　　第二节　农药登记制度及禁限用管理 ··················· 3

　　第三节　农药使用与禁限用农药管理情况 ··········· 4

　　第四节　本手册主要任务和内容 ························· 9

第二章　豇豆 ···10

　　第一节　农药残留风险物质 ····························· 10

　　第二节　登记农药情况 ···································· 11

　　第三节　风险防控技术 ···································· 16

第三章　韭菜 ···23

　　第一节　农药残留风险物质 ····························· 23

　　第二节　登记农药情况 ···································· 24

　　第三节　风险防控技术 ···································· 29

第四章　芹菜 ···34

　　第一节　农药残留风险物质 ····························· 34

　　第二节　登记农药情况 ···································· 35

　　第三节　风险防控技术 ···································· 38

第五章　草莓 ···43

　　第一节　农药残留风险物质 ····························· 43

　　第二节　登记农药情况 ···································· 44

　　第三节　风险防控技术 ···································· 48

第六章 辣椒及甜椒 ·················· **53**

    第一节 农药残留风险物质 ···············53

    第二节 登记农药情况 ···················54

    第三节 风险防控技术 ···················67

第七章 黄瓜 ·························· **72**

    第一节 农药残留风险物质 ···············72

    第二节 登记农药情况 ···················72

    第三节 风险防控技术 ···················96

第八章 番茄 ·························· **103**

    第一节 农药残留风险物质 ···············103

    第二节 登记农药情况 ···················104

    第三节 风险防控技术 ···················127

第九章 普通白菜 ······················ **132**

    第一节 农药残留风险物质 ···············132

    第二节 登记农药情况 ···················133

    第三节 风险防控技术 ···················147

第十章 茼蒿 ·························· **153**

    第一节 农药残留风险物质 ···············153

    第二节 登记农药情况 ···················154

    第三节 风险防控技术 ···················155

第十一章 生菜 ························ **159**

    第一节 农药残留风险物质 ···············159

    第二节 登记农药情况 ···················160

    第三节 风险防控技术 ···················161

附录 1 绿色食品生产允许使用的农药清单 ·········· **164**

附录 2 种植农产品部分病虫害图例 ············· **169**

第一章

概　述

农产品是人类获得营养、能量和保持健康的重要来源。加强农产品质量安全管理，确保农产品的质量安全和营养价值，对于保障消费者的健康至关重要。这涉及对农产品从生产到消费全过程的质量控制，以减少可能存在的有害物质的风险。另外，农产品质量安全问题直接影响农产品的品牌形象和市场信誉。随着消费者对农产品质量安全的关注度日益提高，完善农产品质量安全管理机制、提高质量安全风险防控技术对于维护农产品市场信誉和品牌形象至关重要，有助于提升消费者对农产品的信心，促进优质农产品的生产销售和新主体的稳定发展。

通过实施科学合理的农产品质量安全管理措施，可以预防和减少农业病虫害的发生，提高农产品的产量和质量。同时，也有助于减少农药等投入品的使用量，降低对环境的负面影响。通常完善监管体系、推进标准生产、强化源头管理、加强质量监测检验、推行准出责任追究，以及加强农产品质量安全知识的普及和宣传，是农产品质量安全管理的重要内容。

第一节　农产品中农药残留风险问题

一、农药用量情况

从近30年农药用量的变化看，全世界的农药用量呈增长趋势，这可能与人口增长，农产品需求增加有关。2022年全球农药市场销售额为781.93亿美元。按使用对象分，作物用农药占比接近九成，市场销售额达692.56亿美元。按具体产品看，除草剂是规模最大的细分市场，占农药市场的44%；杀虫剂、杀菌剂位居其后，市场份额分别为27%、25%；其他产品份额仅4%。据联合国粮食及农业组织（FAO）统计，2020年全球农药用量（折百量）为266万吨；我国用量26.27万吨，约占世界农药总用量10%，排名第三，具体类别依次是除草剂（10.9万吨）、杀虫剂（7.08万吨）、杀菌剂（6.87万吨）。

二、农产品中农药残留问题突出

"十二五"以来，随着国家对农产品安全管理的加强，蔬菜中农药残留问题已逐步好转，但是农产品的农药残留及危害问题仍然是影响食品安全的重要因素。例如，2010年海南豇豆、广东江门毛节瓜被检测出水胺硫磷；2013年央视《焦点访谈》报道，记者在山东潍坊地区采访时发现，当地有些姜农使用神农丹（主要成分涕灭威）种姜，之后多地检出，引起广泛关注；2023年广州市公布的质量安全典型案例中，该市农业农村部门对李某种植的豇豆进行监督抽检，经检测，该批次豇豆的噻虫胺残留量大于0.01mg/kg，不符合《食品安全国家标准 食品中农药最大残留限量》（GB 2763—2021），检测结果为不合格。执法人员调查发现：李某不按照农药标签标示的范围、剂量使用农药，将用于小麦的农药——氯氟·噻虫胺喷洒到豇豆上，导致该批次豇豆农药残留超标。再如，福州农民转卖芹菜赚14元被罚10万元事件。该事件由来是张某花费122.5元接手了邻居的70斤芹菜，并以每斤1.95元的价格卖给了某蔬菜批发商行，赚得14元。隔天，市场监管部门在日常监督执法中抽检了超市售卖的该批芹菜，发现毒死蜱项目不符合限量要求，对当事人张某作出罚款5万元的行政处罚决定，后加罚5万元，虽然法院根据过罚相当的原则判定张某不需要缴纳罚款，但农药残留超标已是事实。

三、农药使用某种程度上存在滥用乱用问题

1. 分散经营、小规模农产品生产中的农药使用不易控制

目前我国有2亿多农户，对于小规模、分散经营的蔬菜等农产品，其生产过程中的农药使用基本处于放任状态，主要表现为以下方面：一是非登记农药的使用；购买何种农药品种基本由农药经销商的意见与农户的经验决定，因此不在登记范围的情况比较普遍；二是不按规范施药。由于基层植保技术人员不足，除了不在登记作物范围使用，不按农药使用规定与安全间隔期要求，超使用次数和超使用量、超使用时限等问题较为普遍；三是非法添加隐性成分农药、捆绑销售未经登记批准农药的行为屡禁不止。2019年山东省农业农村厅公布的第一批农药监督抽查结果显示，抽取的415个农药产品中，不合格率为4.5%，其中假农药（未检出标明有效成分的4个，擅自加入其他农药成分的14个）占不合格产品的94.79%。农业农村部2018年农药监督抽查结果显示，不合格率为6.8%，其中检出擅自加入其他隐性成分的222个，占不合格样品的40.3%。从非法添加隐性成分名单来看，存在添加禁用高毒农药、限用农药、高活性过专利保护期产品和部分廉价农药等情况。

2. 部分品种登记农药稀缺或小品种作物无登记农药可用

根据各级监测结果分析，在蔬菜等农产品中检出的农药中有相当部分不在登记使用范围内。中国作物多样化，很少有企业登记针对小品种作物的病虫害的农药，零售店只能推荐售卖其他农药，一定程度上造成农药滥用。这说明我们的登

记制度存在漏洞，"毒生姜"事件也是制度不完善造成的。

第二节　农药登记制度及禁限用管理

农药是重要的农业投入品，农药的使用直接关系到农产品的质量安全和生态环境，因此，加强农药管理十分必要。《农药管理条例》是为加强农药管理，保证农药质量，保障农产品质量安全和人畜安全，由国务院于 1997 年 5 月 8 日发布并实施的。农药登记管理制度是确保农药质量和安全性的重要保障。该制度要求所有在中华人民共和国境内生产、经营和使用的农药，必须取得农药登记。农业农村部负责全国范围内的农药登记管理工作，并设立农药登记评审委员会，制定农药登记评审规则。省级人民政府农业农村主管部门负责受理本行政区域内的农药登记申请，对申请资料进行审查。同时，还出台了一系列政策和措施，进一步严格农药登记审查，规范农药标签管理，取消农药商品名称，提高市场准入门槛。

2022 年国务院修订《农药管理条例》，自 2022 年 5 月 1 日起施行。新条例重点解决了以下问题：一是取消临时登记。临时登记门槛低，导致低水平、同质化农药供给多，安全、经济、高效农药供给少，需要依法促进农药产业转型升级，提高农药质量水平。二是农药生产管理存在重复审批、管理分散等问题，需要调整管理职责，优化监管方式。三是农药经营主体规模小、布局散、秩序乱，有的制假售假甚至销售禁用农药，需要依法推动转变经营管理方式，完善经营管理制度。四是农药使用中存在擅自加大剂量、超范围使用以及不按照安全间隔期采收农产品的现象，需要依法加强农药使用监管，促进科学使用农药。针对农药使用中存在的擅自加大剂量、超范围使用以及不按照安全间隔期采收农产品等问题，《农药管理条例》做了以下规定：一是要求各级农业部门加强农药使用指导、服务工作，组织推广农药科学使用技术，提供免费技术培训，提高农药安全、合理使用水平。二是通过推广生物防治、物理防治、先进施药器械等措施，逐步减少农药使用量，要求县级政府制订并组织实施农药减量计划，对实施农药减量计划、自愿减少农药使用量的给予鼓励和扶持。三是要求农药使用者遵守农药使用规定，妥善保管农药，并在配药、用药过程中采取防护措施，避免发生农药使用事故。四是要求农药使用者严格按照标签标注的使用范围、使用方法和剂量、使用技术要求等注意事项使用农药，不得扩大使用范围、加大用药剂量或者改变使用方法，不得使用禁用的农药；标签标注安全间隔期的农药，在农产品收获前应当按照安全间隔期的要求停止使用；剧毒、高毒农药不得用于蔬菜、瓜果、茶叶、菌类、中草药材的生产。五是要求农产品生产企业、食品和食用农产品仓储企业、专业化病虫害防治服务组织和从事农产品生产的农民专业合作社等建立农药使用记录，如实记录使用农药的时间、地点、对象，以及农药名称、用量、生产企业等。

《农药管理条例》修订施行后，按照《农药登记管理办法》第七条规定，农药名称应当使用农药的中文通用名称或者简化中文通用名称，植物源农药名称可以用植物名称加提取物表示。同时，《农药登记资料要求 附件11：农药名称命名原则》进一步规定，原药（母药）名称用"有效成分中文通用名称或简化通用名称"表示；单制剂名称用"有效成分中文通用名称"表示；混配制剂名称用"有效成分中文通用名称或简化通用名称"表示；中文通用名称多于 3 个字的，在混配制剂中可以使用简化通用名称；混配制剂名称原则上不多于 9 个字，超过 9 个字的应使用简化通用名称，不超过 9 个字的，不使用简化通用名称。由此可见，简化名称仅针对混配制剂而言，单制剂的有效成分通用名称即便超过 9 个字，也不用简化。

农药登记管理制度与农药施用管理是保障农业生产安全和生态环境健康的重要组成部分。通过加强制度建设和实施力度，以及提高农民的科学用药意识，可以有效地促进农业可持续发展，保护人民健康和生态环境。截至 2022 年 12 月 31 日，我国在有效登记状态的农药有效成分达到 751 个（包括仅限出口的新农药），登记产品 44 811 个（不包括仅限出口产品），其中大田用农药 41 935 个、卫生用农药 2 876 个；持农药登记证主体 1 901 个（与 2021 年同比减少了 0.42%），包括境内 1 763 个、境外 138 个。

为了规范特色小宗作物的临时用药措施、促进特色小宗作物用药登记，农业农村部农药管理司在组织广泛调研、专家论证、残留验证试验并公开征求意见的基础上，制定了《特色小宗作物农药残留风险控制技术指标》，各地可在此范围内结合当地病虫害防治需要制定特色小宗作物临时用药措施，选择临时用药产品，缓解小品种用药难问题。

第三节　农药使用与禁限用农药管理情况

一、农药合理使用准则

横跨 18 年持续发布的《农药合理使用准则（一）》（GB/T 8321.1—2000）到《农药合理使用准则（十）》（GB/T 8321.10—2018），规定了 705 种农药在 115 种作物上的 1 098 项合理使用准则和技术要求，每项技术要求中，规定农药在相应防治作物上的施药量、施药次数、施药方法、安全间隔期、最高残留限量参考值以及施药注意事项等。

二、农药最大残留限量国家标准情况

农药残留是影响农产品质量安全的重要因素。制定农药最大残留限量标准是加强农药残留风险管理的重要技术手段，也是世界各国的通行做法，对我国科学规范合理用药、加强农产品质量安全监管、维护农产品国际贸易等方面具有重要意义。《食品安全国家标准 食品中农药最大残留限量》（GB 2763—2021，以下称 2021 版 GB 2763）是目前我国统一规定的食品中农药最大残留限量的强制性国家标准。2009 年《中华人民共和国食品安全法》（以下简称《食品安全法》）颁布实施前，农药残留限量仅有 870 多项，存在标准缺失、重复和矛盾等诸多问题。2012 年农业部对农药残留相关国家和行业标准进行了清理，将相关标准统一合并后发布为《食品安全国家标准 食品中农药最大残留限量》（GB 2763—2012），实现了农药残留食品安全国家标准的统一发布，提高了标准的系统性和实用性。此后，2014 年、2016 年、2018 年、2019 年和 2021 年先后 5 次进行修订。其中，2021 版 GB 2763 规定了 2,4- 滴等 564 种农药在 376 种（类）食品中 10 092 项残留限量标准。其中，谷物、油料和油脂、蔬菜、干制蔬菜、水果、干制水果、坚果、糖料、饮料类、食用菌、调味料、药用植物、动物源食品的限量总数分别为 1 415 项、758 项、3 226 项、55 项、2 468 项、152 项、148 项、180 项、196 项、70 项、360 项、161 项、903 项。全面覆盖了我国批准使用的农药品种和主要植物源性农产品。2021 版 GB 2763 规定了 564 种农药残留限量标准，包括我国批准登记农药 428 种、禁限用农药 49 种、我国禁用农药以外的尚未登记农药 87 种，同时规定了豁免制定残留限量的低风险农药 44 种。从涵盖的农药品种数量看，已超过国际食品法典委员会（CAC）、美国，与欧盟基本接近。制定了阿维菌素等 67 种农药 589 项在特色小宗作物上的限量标准，发布了 505 项农药残留风险控制技术方案，指导地方制定临时用药措施并鼓励企业申请农药扩大使用范围登记，探索解决特色小宗作物"无药可用、无标可依"难题的创新工作机制。

2022 年 11 月 11 日，国家卫生健康委员会、农业农村部和国家市场监督管理总局联合发布《食品安全国家标准 食品中 2,4- 滴丁酸钠盐等 112 种农药最大残留限量》（GB 2763.1—2022）标准（以下简称"增补版"），自 2023 年 5 月 11 日起正式实施。GB 2763.1—2022 是 GB 2763—2021 的增补版，可以配套使用。

本次发布的增补版标准规定了 2,4- 滴丁酸钠盐等 112 种农药在 99 种（类）食品上的 290 项最大残留限量标准，并规定了 37 项配套检测方法标准。2021 版 GB 2763 规定的同一农药和食品的限量值与增补版不同时，以增补版为准。增补版规定的相关检测方法可以与 2021 版 GB 2763 配套使用。此外，2021 版 GB 2763 规定的食品类别及测定部位（附录 A）同样适用于增补版标准。需要说明的是，限量值修订涉及阿维菌素等 19 种农药在杏等 27 种食品（组）上的 34 项限量标准，其中修订了阿维菌素、苯醚甲环唑、腐霉利等 3 种农药的单个食品的限量，另外修订的 31 项限量涉及倍硫磷、苯醚甲环唑等 17 种农药在 24 种食品（组）中的限量，增补版标准规定的上述农药和食品的限量标准将替代 2021 版 GB 2763 规定的相关限量标准。另外，还新增 GB 23200.121 等 4 个检测方法。

增补版中农药残留限量标准基于我国登记的农药品种制定，其中对于存在异构体的农药，以实际登记的农药普通体名称或高效体名称表示，包括氟氯氰菊酯、精甲霜灵、精喹禾灵、氯氟氰菊酯、氰戊菊酯、异丙甲草胺等 6 种农药残留限量标准，这些限量标准也适用于残留物定义相同的其他异构体，待与 2021 版 GB 2763 整合时，将与残留物定义相同的其他异构体相关限量予以合并。

增补版标准基于我国农药登记相关残留试验数据确定农药最大残留水平，结合农药毒理学数据和我国膳食消费数据，进行膳食风险评估，再依据评估结果推荐农药最大残留限量（MRLs）。之后，在广泛征求社会意见、有关部门意见并向世界贸易组织（WTO）成员通报的基础上，先后经国家农药残留标准审评委员会、食品安全国家标准审评委员会审查通过，再由国家卫生健康委员会、农业农村部和国家市场监督管理总局联合发布。标准制定、修订的程序规范、数据充分、方法严谨，将为加强农产品质量安全监管、保障消费者食用安全提供有力的技术支撑。

三、农药禁限用管理措施

《食品安全法》第四十九条规定，禁止将剧毒、高毒农药用于蔬菜、瓜果、茶叶和中草药材等国家规定的农作物；第一百二十三条规定，违法使用剧毒、高毒农药的，除依照有关法律、法规规定给予处罚外，可以由公安机关依照规定给予拘留。《中华人民共和国农产品质量安全法》规定，禁止在农产品生产经营过程中使用国家禁止使用的农业投入品以及其他有毒有害物质。《农药管理条例》规定，农药使用应按照标签规定的使用范围、安全间隔期用药，不得超范围用药。剧毒、高毒农药不得用于防治卫生害虫，不得用于蔬菜、瓜果、茶叶、菌类、中草药材的生产，不得用于水生植物的病虫害防治。

1. 最新全面禁止使用的农药（53 种）

经对各部门各阶段公告汇总整理，目前最新禁止使用的农药有：六六六、滴滴涕、毒杀芬、二溴氯丙烷、杀虫脒、二溴乙烷、除草醚、艾氏剂、狄氏剂、汞制剂、砷类、铅类、敌枯双、氟乙酰胺、甘氟、毒鼠强、氟乙酸钠、毒鼠硅、甲胺磷、对硫磷、甲基对硫磷、久效磷、磷胺、苯线磷、地虫硫磷、甲基硫环磷、磷化钙、磷化镁、磷化锌、硫线磷、蝇毒磷、治螟磷、特丁硫磷、氯磺隆、胺苯磺隆、甲磺隆、福美胂、福美甲胂、三氯杀螨醇、林丹、硫丹、氟虫胺、杀扑磷、百草枯、灭蚁灵、氯丹、六氯苯、2,4-滴丁酯、甲拌磷、甲基异柳磷、水胺硫磷、灭线磷、溴甲烷。

2,4-滴丁酯自 2023 年 1 月 23 日起禁止使用。杀扑磷已无制剂登记。甲拌磷、甲基异柳磷、水胺硫磷、灭线磷，自 2024 年 9 月 1 日起禁止销售和使用。溴甲烷可用于"检疫熏蒸处理"。

2022 年 3 月农业农村部第 536 号公告，自 2022 年 9 月 1 日起，撤销甲拌磷、甲基异柳磷、水胺硫磷、灭线磷原药及制剂产品的农药登记，禁止生产。已合法生产的产品在质量保证期内可以销售和使用，自 2024 年 9 月 1 日起禁止销售和使用。

2017 年 5 月农业部发布《农业部办公厅关于征求硫丹等 5 种农药禁限用管理措施意见的函》，就对硫丹、溴甲烷、乙酰甲胺磷、丁硫克百威、乐果 5 种农药采取一系列禁限用管理措施征求意见。①自 2018 年 7 月 1 日起，撤销所有硫丹产品的农药登记证；自 2019 年 3 月 27 日起，禁止所有硫丹产品在农业上使用。②自 2018 年 7 月 1 日起，撤销溴甲烷产品的农药登记证；自 2019 年 1 月 1 日起，禁止溴甲烷产品在农业上使用。③自 2017 年 7 月 1 日起，撤销乙酰甲胺磷、丁硫克百威、乐果用于蔬菜、瓜果、茶叶作物的农药登记证，不再受理、批准乙酰甲胺磷、丁硫克百威、乐果用于蔬菜、瓜果、茶叶、菌类和中草药材作物的农药登记申请；自 2019 年 7 月 1 日起，禁止乙酰甲胺磷、丁硫克百威、乐果在蔬菜、瓜果、茶叶、菌类和中草药材作物上使用。

2016 年 9 月农业部第 2445 号公告，明确规定不再受理、批准 2,4-滴丁酯（包括原药、母药、单剂、复配制剂，下同）的田间试验和登记申请；不再受理、批准 2,4-滴丁酯境内使用的续展登记申请；不再受理、批准百草枯的田间试验、登记申请，不再受理、批准百草枯境内使用的续展登记申请；撤销三氯杀螨醇的农药登记，自 2018 年 10 月 1 日起，全面禁止三氯杀螨醇销售、使用。

2013 年 12 月农业部第 2032 号公告，决定对氯磺隆、胺苯磺隆、甲磺隆、福美胂、福美甲胂、毒死蜱和三唑磷等 7 种农药采取进一步禁限用管理措施。具体为自 2013 年 12 月 31 日起，撤销氯磺隆（包括原药、单剂和复配制剂，下同）的农药登记证，自 2015 年 12 月 31 日起，禁止氯磺隆在国内销售和使用。自 2013 年 12 月 31 日起，撤销胺苯磺隆单剂产品登记证，自 2015 年 12 月 31 日起，禁止胺苯磺隆单剂产品在国内销售和使用；自 2015 年 7 月 1 日起撤销胺苯磺隆原药和复配制剂产品登记证，自 2017 年 7 月 1 日起，禁止胺苯磺隆复配制剂产品在国内销售和使用。自 2013 年 12 月 31 日起，撤销甲磺隆单剂产品登记证，自 2015 年 12 月 31 日起，禁止甲磺隆单剂产品在国内销售和使用；自 2015 年 7 月 1 日起撤销甲磺隆原药和复配制剂产品登记证，自 2017 年 7 月 1 日起，禁止甲磺隆复配制剂产品在国内销售和使用。自 2015 年 12 月 31 日起，禁止福美胂和福美甲胂在国内销售和使用。

2013 年 5 月农业部第 274 号公告，甲胺磷、甲基对硫磷、对硫磷、久效磷和磷胺等 5 种高毒农药全面禁止使用。

2009 年 4 月环境保护部联合发展改革委、工业和信息化部、住房和城乡建设部、农业部、商务部、卫生部、海关总署、质检总局、安监总局等 10 个相关管理部门共同发布 2009 年第 23 号公告，宣布自 2009 年 5 月 17 日起，禁止在我国境内生产、流通、使用和进出口滴滴涕、氯丹、灭蚁灵及六氯苯（紧急情况下用于病媒防治的滴滴涕用途除外）。

2005 年 3 月农业部第 199 号公告全面禁止使用：六六六，滴滴涕，毒杀芬，二溴氯丙烷，杀虫脒，二溴乙烷（EDB），除草醚，艾氏剂，狄氏剂，汞制剂，砷、铅类，敌枯双，氟乙酰胺，甘氟，毒鼠强，氟乙酸钠，毒鼠硅。

2. 最新限制使用的农药（16 种）

根据有关农业农村部公告汇总，目前最新限制使用的农药及限制范围见表 1-1。

表 1-1　最新限制使用的农药清单

通用名	禁止使用范围
克百威、氧乐果、灭多威、涕灭威	禁止在蔬菜、瓜果、茶叶、菌类、中草药材上使用，禁止用于防治卫生害虫，禁止用于水生植物的病虫害防治
克百威	禁止在甘蔗作物上使用
内吸磷、硫环磷、氯唑磷	禁止在蔬菜、瓜果、茶叶、中草药材上使用
乙酰甲胺磷、丁硫克百威、乐果	禁止在蔬菜、瓜果、茶叶、菌类和中草药材上使用
毒死蜱、三唑磷	禁止在蔬菜上使用
丁酰肼（比久）	禁止在花生上使用
氰戊菊酯	禁止在茶叶上使用
氟虫腈	禁止在所有农作物上使用（玉米等部分旱田种子包衣除外）
氟苯虫酰胺	禁止在水稻上使用

农业农村部第 736 号公告，根据《中共中央、国务院关于深化改革加强食品安全工作的意见》，决定对氧乐果、克百威、灭多威、涕灭威 4 种高毒农药采取禁用措施。自 2024 年 6 月 1 日起，撤销含氧乐果、克百威、灭多威、涕灭威制剂产品的登记，禁止生产，自 2026 年 6 月 1 日起禁止销售和使用。

2013 年 12 月农业部第 2445 号公告，撤销氟苯虫酰胺在水稻作物上使用的农药登记；自 2018 年 10 月 1 日起，禁止氟苯虫酰胺在水稻作物上使用。

2013 年 12 月农业部第 2032 号公告，停止受理毒死蜱和三唑磷在蔬菜上的登记申请，停止批准毒死蜱和三唑磷在蔬菜上的新增登记；自 2014 年 12 月 31 日起，撤销毒死蜱和三唑磷在蔬菜上的登记，自 2016 年 12 月 31 日起禁止毒死蜱和三唑磷在蔬菜上使用。

2009 年 2 月农业部等三部门第 1157 号公告，2009 年 10 月 1 日起，除卫生用、玉米等部分旱田种子包衣剂外，在我国境内停止销售和使用用于其他方面的含氟虫腈成分的农药制剂。

2005 年 3 月农业部第 199 号公告，禁止在蔬菜、果树、茶叶中草药材上使用的农药有：甲拌磷，甲基异柳磷，特丁硫磷，甲基硫环磷，治螟磷，内吸磷，克百威，涕灭威，灭线磷，硫环磷，蝇毒磷，地虫硫磷，氯唑磷，苯线磷；三氯杀螨醇、氰戊菊酯禁止在茶树上使用。

农业部第 274 号公告，禁止丁酰肼在花生上使用。

第四节　本手册主要任务和内容

北京市作为首善之区一直把保障蔬菜、草莓等主要消费农产品质量安全作为重点任务，近年来通过源头管控和靶向监管相结合，双向提升农产品质量安全控制能力和水平，促进农产品绿色生产、全程监管、优质安全，全力提高北京"安全农业"品牌的含金量，为实现全面推进乡村振兴迈出新步伐。针对北京首都的特殊地位和对农产品质量安全监管的更高要求，北京市逐步建立并完善了风险调查、风险评估、风险监测、监督抽查"四位一体"的风险控制机制，立体把控北京市农产品质量安全风险隐患。

根据近年来北京市基地实地调研和监测评估情况，经汇总分析，本手册提出了 2024 年度北京市种植农产品生产基地需要重点关注的农产品品种和每个品种需要把控的农药残留物质清单，为基层农产品生产企业、基地、合作社、基层监管站有针对性地把控生产风险、杜绝高风险农产品流入市场，从源头进行靶向监督，提供准确实用的技术支持和数据支撑。

针对实际生产和监测过程中发现的非登记农药大量使用的现状，为帮助基层生产者了解我国农药登记作物情况，本手册针对每种农产品查阅大量数据整理出国家已登记在该类农产品中的每种农药剂型、用量、安全间隔期等技术要求，避免超范围使用农药以及不按照安全间隔期采收等违规行为，减少不合格产品出现概率，增加安全优质农产品供应。

为贯彻"预防为主，综合防治"的植保工作方针，通过协调应用生态调控、健康栽培、生物防治、理化诱控和科学用药等技术措施，实现北京市蔬菜等重点种植农产品主要病虫害的有效防治，降低农药残留风险，针对十种种植农产品病虫害给出综合防控技术指南，供基层生产者参考。其中化学防治手段中选择的农药品种，经逐一比对筛选、核实，均为截至当前最新的国家允许的在该农产品使用的范围。对于没有登记农药可使用的，可选择全国农业技术推广服务中心制定的《2024 版病虫害绿色防控技术方案》中推荐的用药或防治手段。

第二章　豇　豆

第一节　农药残留风险物质

豇豆是我国常见的一种豆荚类蔬菜,属于蔬菜中的大宗品类。豇豆因营养丰富、食味优质,深受消费者喜爱。豇豆的种植经济效益良好,在我国得到广泛种植。由于豇豆具有喜温喜光、花果同期的生长特点,极易遭受病虫害的危害,所以农药在豇豆种植过程中使用较为频繁。豇豆的采摘期间隔短,小农户分散生产占比高、多种农药同时使用等问题,易造成豇豆农药残留,产生农产品质量安全风险。

针对北京市蔬菜生产基地种植的豇豆农药使用情况进行统计发现,共有17种农药有效成分,分别是苯醚甲环唑、噻虫胺、虫螨腈、联苯菊酯、吡唑醚菌酯、啶虫脒、灭蝇胺、噻虫嗪、阿维菌素、异丙威、茚虫威、啶酰菌胺、吡虫啉、多菌灵、灭幼脲、戊唑醇、嘧霉胺。均为常规农药,无禁限用农药,使用率最高的农药有效成分为虫螨腈。

灭蝇胺、阿维菌素、啶虫脒和茚虫威 4 种农药在豇豆上使用后存在超过限量值的风险(表2-1),种植者使用这几种农药时需要规范使用,灭蝇胺为非登记农药,不允许在豇豆上使用;阿维菌素等农药要严格遵照说明书中的施用剂量、施用次数和安全间隔期。执法部门和监管机构可将其列为重点监管的农药残留参数,提高监管的精准性,节约人力物力。

表 2-1　豇豆农药残留风险清单

残留农药有效成分	是否登记	最大残留限量（mg/kg）
灭蝇胺	否	0.5
阿维菌素	是	0.5
啶虫脒	是	0.4
茚虫威	是	2

第二节　登记农药情况

为了防止种植者误用非登记农药，方便种植者规范使用登记农药，减少农药残留超标现象的发生，本手册按防控对象分类统计了各种病虫害的登记农药信息，着重对施用剂量、每季最大使用次数及安全间隔期等重要信息进行了整理。查询中国农药信息网（http://www.chinapesticide.org.cn/），截至 2024 年 3 月 7 日，我国在豇豆上登记使用的农药产品共计 208 个，包括单剂 161 个、混剂 47 个；共 51 种农药有效成分（复配视为 1 种有效成分），其中杀虫剂 35 种、杀菌剂 12 种、除草剂 2 种、杀螨剂 1 种、植物生长调节剂 1 种。用于防控蓟马、豆荚螟、二斑叶螨、锈病、蚜虫、甜菜夜蛾、白粉病、大豆卷叶螟、褐斑病、美洲斑潜蝇、炭疽病、斜纹夜蛾等 12 种病虫害及杂草、调节生长。详见表 2-2。

表 2-2　豇豆登记农药统计

防控对象	农药类别	农药名称及登记数量	部分登记证号	总含量	施用剂量 ［毫升（克）/亩①］，每季最大使用次数（次）	安全间隔期（天）
白粉病	杀菌剂	蛇床子素（1）	PD20151196	0.40%	600 ～ 800 倍液，/	/
大豆卷叶螟	杀虫剂	顺式氯氰菊酯（1）	PD20100273	100 克/升	10 ～ 13，2	5
豆荚螟	杀虫剂	二嗪磷（1）	PD20080305	50%	50 ～ 75，1	5
		高效氯氰菊酯（11）	PD20092427	4.50%	30 ～ 40，1	3
			PD20082749	4.50%	30 ～ 40	/
			PD20040634	4.50%	30 ～ 40，1	7
			PD20040092	4.50%	30 ～ 40，3	14
		甲氨基阿维菌素苯甲酸盐（24）	PD20111310	0.50%	36 ～ 48，/	/
			PD20110896	0.50%	36 ～ 48，1	7
			PD20110786	0.50%	36 ～ 48，1	3
			PD20110549	0.50%	36 ～ 48，1	5
			PD20131642	1%	18 ～ 24，/	/
			PD20131618	1%	18 ～ 24，1	7
			PD20130626	2%	9 ～ 12，1	7

① 1 亩约为 667 米²，全书同。

续表

防控对象	农药类别	农药名称及登记数量	部分登记证号	总含量	施用剂量[毫升（克）/亩]，每季最大使用次数（次）	安全间隔期（天）
豆荚螟	杀虫剂	甲氨基阿维菌素苯甲酸盐（24）	PD20121729	2%	9～12，/	/
			PD20098495	2%	9～12，1	7
			PD20130716	3%	6～8，1	7
			PD20120747	5%	3.5～4.5，1	7
			PD20120085	5%	3.5～4.5，2	3
			PD20120299	5%	3.5～4.5，1	7
		氯虫·高氯氟（2）	PD20150301	14%	15～20，2	5
			PD20121230	14%	3.5～4.5，1	7
		氯虫苯甲酰胺（2）	PD20230882	5%	20～60，1	5
			PD20110172	5%	30～60，2	5
		苏云金杆菌（2）	PD86109-27	16 000 IU/毫克	75～100，/	/
			PD20084969	32 000 IU/毫克	75～100，/	/
		溴氰虫酰胺（1）	PD20140322	10%	14～18，3	3
		乙基多杀菌素（1）	PD20181527	25%	12～14，2	7
		茚虫威（10）	PD20152610	23%	8～11.5，3	3
			PD20140280	30%	6～9，2	21
			PD20131341	30%	6～9，1	3
			PD20160998	30%	6～9，1	7
			PD20152646	30%	6～9，/	/
二斑叶螨	杀虫剂	联苯肼酯（10）	PD20140648	43%	20～30，/	/
			PD20181662	43%	20～30，1	5
	杀螨剂	联苯肼酯（1）	PD20160927	43%	20～30，1	5
褐斑病	杀菌剂	氟酰羟·苯甲唑（1）	PD20220033	200 克/升	30～60，3	7
蓟马	杀虫剂	吡虫啉·虫螨腈（1）	PD20190177	45%	15～20，1	5

续表

防控对象	农药类别	农药名称及登记数量	部分登记证号	总含量	施用剂量[毫升（克）/亩]，每季最大使用次数（次）	安全间隔期（天）
蓟马	杀虫剂	虫螨·噻虫嗪（4）	PD20211545	30%	20～24，1	5
			PD20220284	30%	20～30，1	7
			PD20183735	30%	30～40，1	5
			PD20230079	400克/升	10～20，1	5
		虫螨腈·唑虫酰胺（3）	PD20230385	20%	30～40，1	7
			PD20211494	20%	40～50，1	7
		啶虫脒（31）	PD20080578	5%	/	/
			PD20093646	5%	30～40，/	/
			PD20093634	5%	30～40，1	3
			PD20093981	10%	15～20，1	3
			PD20100061	10%	15～20，/	/
			PD20120730	10%	30～40，1	3
			PD20120164	25%	30～40，/	/
		多杀·甲维盐（1）	PD20211583	6.80%	10～12，1	7
		多杀霉素（9）	PD20140418	5%	25～30，1	5
			PD20132672	10%	12.5～15，3	14
			PD20142514	10%	12.5～15，1	5
			PD20173122	20%	6.25～7.5，1	5
			PD20141830	20%	6～7，1	5
			PD20160769	25克/升	50～60，1	5
			PD20150478	25克/升	50～60，1	3
			PD20141808	480克/升	2.5～3，1	3
		多杀素·甲维（1）	PD20230104	9.50%	4～6，1	3
		氟啶·噻虫嗪（1）	PD20230388	40%	8～10，1	5
		甲氨基阿维菌素苯甲酸盐（32）	PD20110786	0.50%	36～48，1	3
			PD20110145	0.50%	36～48，1	7

续表

防控对象	农药类别	农药名称及登记数量	部分登记证号	总含量	施用剂量［毫升（克）/亩］，每季最大使用次数（次）	安全间隔期（天）
蓟马	杀虫剂	甲氨基阿维菌素苯甲酸盐（32）	PD20131642	1%	18～24，/	/
			PD20131618	1%	18～24，1	7
			PD20130626	2%	9～12，1	7
			PD20121729	2%	9～12，/	/
			PD20132095	3%	6～8，1	7
			PD20121538	3%	6～8，/	/
			PD20110963	3%	6～8，1	3
			PD20130621	5%	3.5～4.5，1	7
			PD20120085	5%	3.5～4.5，1	3
			PD20111132	5%	3.5～4.5，/	/
			PD20120592	5%	75～90，2	7
			PD20230033	8%	1.2～2.5，1	5
			PD20131262	8%	2.5～4.5，1	7
			PD20211784	8%	3～4.5，1	7
		甲维·氟虫酰（1）	PD20231147	11.80%	15～25，1	7
		金龟子绿僵菌（2）	PD20173343	100亿个孢子/克	25～35，/	/
			PD20200604	100亿个孢子/克	30～35，/	/
		苦参碱（1）	PD20171810	0.50%	90～120，/	/
		螺虫·噻虫啉（1）	PD20171840	22%	30～40，1	3
		氯虫·高氯氟（1）	PD20121230	14%	3.5～4.5，1	7
		噻虫嗪（27）	PD20141262	25%	15～20，1	3
			PD20141249	25%	15～20，/	/
			PD20140507	25%	15～20，1	1
			PD20060003	25%	15～20，3	28
			PD20141197	50%	7.5～10，1	3

防控对象	农药类别	农药名称及登记数量	部分登记证号	总含量	施用剂量 ［毫升（克）/亩］， 每季最大使用次数（次）	安全间隔期（天）
蓟马	杀虫剂	溴氰虫酰胺（2）	PD20140322	10%	33.3～40，3	3
美洲斑潜蝇	杀虫剂	溴氰虫酰胺（1）	PD20140322	10%	14～18，1	3
		乙基多杀菌素（1）	PD20120240	60克/升	50～58，1	3
炭疽病	杀菌剂	苯甲·嘧菌酯（1）	PD20150707	325克/升	40～60，1	3
		氟菌·肟菌酯（1）	PD20152429	43%	20～30，1	3
甜菜夜蛾	杀虫剂	金龟子绿僵菌CQMa421（1）	PD20171744	80亿个孢子/毫升	40～60，/	/
		甜菜夜蛾核型多角体病毒（2）	PD20130186	300亿PIB/克	2～5，/	/
			PD20130162	30亿PIB/毫升	20～30，/	/
调节生长	植物生长调节剂	24-表芸·赤霉酸（4）	PD20212033	0.40%	1 000～1 500倍液	/
			PD20183924	0.40%	1 000～1 500倍液，7	7
			PD20212775	0.80%	2 000～3 000倍液	/
斜纹夜蛾	杀虫剂	苦皮藤素（1）	PD20132487	1%	90～120，2	10
锈病	杀菌剂	吡萘·嘧菌酯（1）	PD20170604	29%	45～60，3	3
		腈菌唑（1）	PD20070199	40%	13～20，3	5
		硫磺·锰锌（18）	PD20094654	50%	250～280，3	3
			PD20094834	70%	150～200，3	3
			PD20094570	70%	150～200，/	/
			PD20085246	70%	150～200，3	7
			PD20085177	70%	150～200，/	14
			PD20081353	70%	214～286，3	13
			PD20094758	70%	2 250～3 000，3	3

续表

防控对象	农药类别	农药名称及登记数量	部分登记证号	总含量	施用剂量[毫升（克）/亩]，每季最大使用次数（次）	安全间隔期（天）
锈病	杀菌剂	锰锌·硫磺（1）	PD20084123	70%	150～200，3	3
		噻呋·吡唑酯（1）	PD20200020	20%	40～50，2～3	3
		戊唑·嘧菌酯（1）	PD20141943	75%	10～15，2	7
		唑醚·锰锌（1）	PD20180353	60%	80～100，3	14
蚜虫	杀虫剂	阿维·氟啶（1）	PD20181921	24%	20～30，1	3
		双丙环虫酯（1）	PD20190012	50克/升	10～16，2	3
		溴氰虫酰胺（1）	PD20140322	10%	33.3～40，3	3
	杀虫剂/杀菌剂	苦参碱（1）	PD20132710	1.50%	30～40，1	10
杂草	除草剂	草铵膦（1）	PD20121454	200克/升	200～300，/	/
	除草剂	精草铵膦铵盐（1）	PD20200119	10%	200～300，/	/

注：存在一个农药产品可以防治几种病害或虫害的情况，本表按防控对象进行统计，不同防控对象对应的农药产品会有少量交叉、重复。下表同。

第三节　风险防控技术

一、主要虫害及其防治

豇豆病虫害主要有 3 类：一是虫害，包括蚜虫、蓟马、烟粉虱、斑潜蝇、茶黄螨、豆野螟、豆荚斑螟、斜纹夜蛾等幼虫或成虫危害。如不采取积极有效技术措施及时防治，这些虫害常导致豇豆株体瘦弱、病部干缩、叶片脱落，甚至整株枯死，造成很大产量损失，或大幅降低其商品价值。二是病毒病，主要由豇豆蚜传花叶病毒（CAMV）等侵染所致，多为蚜虫等小型虫类传播。三是真菌或细菌或线虫侵染所致的锈病、煤霉病（叶霉病）、白粉病、炭疽病、基腐病（立枯病）、枯萎病、疫病、细菌性疫病、轮纹病（灰斑病）、斑枯病、褐斑病、红斑病、角斑病、灰霉病、根结线虫病等。从我国豇豆病虫害情况看，难点集中在虫害上。以下着重介绍豇豆生产中发生严重且防治难度大的蓟马、斑潜蝇和烟粉虱等主要虫害的发生规律、危害特点及防治措施。

（一）蓟马

1. 发生规律与危害特点

蓟马是昆虫纲缨翅目的统称，体型微小，是豇豆最顽固的害虫之一，隐蔽性强，防治难度大。蓟马具有个体小（成虫体长 0.5～2.0 mm）、世代周期短（世代历期 15 天左右）、繁殖力强（单雌产卵量约 200 粒）和隐蔽性等特征，不易防治。在多数地区可终年繁殖，冬季受低温的影响，虫量较少，3—4 月气温回升，田间寄主增加后，蓟马数量迅速增加。蓟马主要通过锉吸植物汁液和产卵危害寄主，被蓟马危害的豇豆花器会腐烂、凋落，豆荚会形成"黑头"和"黑尾"。花朵脱落前，部分蓟马转移至新鲜的花朵上或嫩豆荚上继续取食，少数蓟马则随花朵一起落下，在花朵未完全枯萎前继续取食，被害豆荚皱缩发黑。蓟马喜好在豇豆嫩梢、嫩叶上取食，被取食的叶片出现白斑，叶片畸形，严重降低叶片的光合效率。此外，多数蓟马还传播病毒，导致寄主植株发病。如豆大蓟马在豇豆上能够传播烟草线条病毒，西花蓟马能够传播番茄斑萎病毒、凤仙花坏死斑病毒和烟草条纹病毒等 11 种病毒。被蓟马危害的豇豆产量低、品质劣。

2. 防治措施

农业防治。合理密植，保证通风和光照，使豇豆植株生长健壮，增强抵御虫害的能力，可减轻蓟马的危害。因蓟马具有若虫在叶背取食、高龄末期后停止取食落入表土化蛹的特性，可在冬季进行翻土和灌溉，及时清理田间杂草，集中烧毁或深埋秸秆，消灭越冬虫源。

物理防治。可在豇豆田间悬挂粘虫板进行诱杀，悬挂间隔视种植密度和粘虫板规格而定，悬挂粘虫板高度与作物顶部持平为宜。可悬挂蓝板或蓝板＋蓟马信息素监测蓟马。覆盖黑色或银黑双色地膜，银色朝上趋避蓟马，同时防止害虫入土化蛹、阻止土中害虫出来；黑色朝下防治杂草，四周用土封严盖实。使用 60～80 目防虫网，阻隔蓟马。高温闷棚消毒，针对设施棚室种植豇豆地块，利用夏季高温休闲时间，将粉碎的稻草或玉米秸秆 500 千克/亩，猪粪、牛粪等未腐熟的有机肥 4～5 米³/亩，氰氨化钙 70～80 千克/亩，均匀铺撒在棚室内的土壤表面，用旋耕机深翻地 25～40 厘米，起垄后覆膜浇水，同时封闭棚膜。保持高温闷棚 20～30 天，处理结束后揭膜，翻耕土壤晾晒 7～10 天，使用微生物菌剂处理后即可种植。

生物防治。直播或定植前，每亩使用绿僵菌颗粒剂 5～10 千克兑细土均匀撒施后打湿垄面；苗期开始，根据虫情可喷施绿僵菌、白僵菌、苦参碱、藜芦根茎提取物等，蓟马发生严重时，可以使用金龟子绿僵菌 CQMa421 与适宜的化学杀虫剂混配进行防治。设施豇豆，在害虫发生初期，释放小花蝽、捕食螨等防治蓟马。

化学防治。蓟马危害盛期以化学防治为主。因豇豆花在 7：00—9：00 开放，豇豆开花结荚期，应选择该时段打药，尽可能使杀虫剂接触到隐蔽在花朵内的害虫，以提高药剂防治效果。对豇豆蓟马防治效果较好的杀虫剂有 60 g/L 乙基多杀菌素悬浮剂 1 500 倍液、20% 啶虫脒可溶性液剂 1 000 倍液、25% 噻虫嗪水分散粒剂 1 500 倍液等。为避免蓟马抗药性增强，应选择不同药剂轮换使用。进行适当复配可提高杀虫效果，如乙基多杀菌素和啶虫脒混用对豇豆蓟马的防效比单一使用更佳。蓟马开花结荚期的重点防治对象，为提高蓟马防治效果，建议将杀卵作用药剂与杀（幼）成虫作用药剂进行混用、将绿僵菌与化学杀虫剂进行混用。施药的时间以花瓣张开且蓟马较为活跃的 10：00 以前为宜，部分有避光、避高温要求的生物药剂宜在阴天或 16：00 以后施药。施用药剂防治蓟马时，注意要将植株的上下部、叶片的正反面、周边杂草及地面都要喷到。

（二）斑潜蝇

1. 发生规律与危害特点

斑潜蝇又称鬼画符，属于双翅目潜蝇科害虫，全世界共有 300 多种，具有重要经济意义的有 10 余种，但危害最严重的有 4 种，目前危害严重的主要是美洲斑潜蝇和三叶草斑潜蝇。该类虫以雌成虫在寄主叶片上刺孔取食和产卵，卵孵化后幼虫潜入叶片和叶柄，产生不规则蛇形白色虫道，导致植物叶绿素被破坏，光合作用降低，产量大幅度下降，危害严重时可导致叶片大量脱落，植株发育延迟以至枯死。斑潜蝇的繁殖能力超强，在生产中斑潜蝇的防治要趁早趁小，无论什么豇豆品种，一旦发现有斑潜蝇危害，应及时防治，否则虫口密度一旦增大，后期很难防治，豇豆植株长势衰落，将对产量和品质造成很大的影响。

2. 防治措施

农业防治。美洲斑潜蝇靠自身传播能力差，成虫只能进行近距离飞行。严格对植物及植物产品进行检疫，发现有幼虫、卵或蛹时，要就地处理，防止由南往北扩散。清洁田园，收货后彻底清除残株落叶、深埋或烧毁，消灭虫源；深翻土壤，使土壤表层蛹不能羽化，以降低虫口基数；与非寄主蔬菜如葱、蒜类套种或轮作；合理种植密度，增强田间通透性，破坏害虫的生存条件。

物理防治。悬挂黄板监测斑潜蝇。高温闷棚消毒：同蓟马防控措施。

生物防治。释放姬小蜂或潜蝇茧蜂等防治斑潜蝇。使用 60～80 目防虫网，阻隔蓟马斑潜蝇。

化学防治。可以选用 1.8% 爱福丁（阿维菌素）乳油 3 000 倍液、5.0% 卡死克（氟虫脲）乳油 1 000 倍液等。

（三）烟粉虱

1. 发生规律与危害特点

烟粉虱可在温室内越冬，翌年春天气温回升后，逐渐向露地迁移扩散，7—

8月虫口数量增加最快，10—11月气温下降后，再向保护地转移危害。成虫喜群居于植株上部嫩叶背面吸食汁液，随新叶长出，成虫不断向上部新叶转移，故出现由下向上扩散危害的垂直分布。植株最下部是蛹和刚羽化的成虫，中下部为若虫，中上部为即将孵化的黑色卵，上部为成虫和刚产下的卵。成虫喜群居，不善飞翔，对黄色有强烈的趋向性。烟粉虱危害植株，一是直接刺吸植物汁液造成植物营养缺乏；二是若虫、成虫分泌大量蜜露，极易诱发煤污病和霉菌寄生，严重影响叶片光合作用，降低蔬菜的经济价值；三是传播病毒病。烟粉虱作为植物病毒的传播媒介，可传播番茄黄化曲叶病毒（TYL-CV），传毒对植株造成的危害比前两者更为严重。

2. 防治措施

农业防治。烟粉虱个体小、繁殖快，抓住防治时期至关重要。要定期观察烟粉虱发生情况，通过悬挂黄板等措施进行早期监测，扩大面上普查范围，确保治早治小，控制危害和压低虫源基数。

物理防治。一是使用60～80目防虫网阻隔。在设施棚室放风口、出入口设置防虫网。二是用黄板诱杀。在田间悬挂黄板，诱杀烟粉虱成虫。三是栽种茼麻诱集。在主栽蔬菜四周种1行茼麻，或在棚内侧集中种植数行，诱集烟粉虱。对于茼麻上的烟粉虱成虫防控，可用内吸性农药灌根，或拔除茼麻植株。高温闷棚消毒：同蓟马防控措施。

生物防治。在烟粉虱发生初期，使用双丙环虫酯、苦参碱、d-柠檬烯、金龟子绿僵菌等生物农药进行防控，也可通过释放丽蚜小蜂等生物天敌进行控制。

化学防治。可使用噻虫嗪、溴氰虫酰胺等药剂及其复配剂进行防治，间隔5～7天进行第二次用药，注意轮换用药和安全间隔期。

（四）蚜虫

1. 发生规律与危害特点

豇豆蚜虫是危害豆科蔬菜的重要害虫，长豇豆是桃蚜、豇豆蚜、棉蚜、蚕豆蚜、花生蚜等多种蚜虫的嗜好寄主之一。蚜虫种类多，繁殖快，盛发期虫口密度大。以成虫和若虫群集于叶背和嫩茎处吸食汁液，使叶片卷缩变黄，植株生长不良，影响开花结荚，严重发生时可导致植株死亡。另外，蚜虫还可传播病毒病和诱发烟霉病等重要病害，致使病毒病蔓延，不利于提高产量并严重影响产品质量。长期以来，豇豆蚜虫的防治主要依靠化学防治，由于农药的大量使用，使蚜虫产生了很强的抗药性。

2. 防治措施

农业防治。豇豆的品种资源较为丰富，选择余地较宽，给品种选择带来一定的便利条件。农户可因地制宜，根据品种抗性表现、管理水平与种植要求合理选用。长豇豆忌连作，一般在种植过长豇豆的地块上应与其他非豆科作物间隔轮作3～4年后再行种植，也可实行水旱轮作1～2年。长豇豆根系入土较深，一般要求在播种前深翻 20～25 厘米，结合翻耕作垄每亩开穴施用腐熟栏粪肥 500 千克、草木灰 300 千克、过磷酸钙或钙镁磷肥 15～20 千克，为了弥补钼、锌、硼等微量元素的不足，可用 50% 钼酸铵 30 克、35% 硫酸锌 250 克、11% 硼砂 250 克与栏粪肥混合施，开穴施肥后隔土播种。

物理防治。根据蚜虫对银灰色具有较强拒避作用的特性，在搭设引蔓架时，在竹竿间拉挂银色灰塑料条带，以拒避蚜虫前往栖生繁衍，能起到较好的抑制效果。根据蚜虫对黄色具有趋向性的特点，在长豇豆引蔓上架后用 30 厘米 ×20 厘米塑胶板制成两面平的底板，用双面胶将塑胶板同等大小黄色蜡光纸黏贴在两面的塑胶板上，然后涂上机油或凡士林，隔两垄畦间距 3～4 米插于垄沟边上，黄板高度以下边离地面 80 厘米，后期离地面 150 厘米为宜，每 4～5 天换 1 次板纸，用以诱杀蚜虫，可较好地控制其发生危害，一般的控害效果可达 40% 左右。高温闷棚消毒：同蓟马防控措施。

化学防治。一般当苗期虫口密度达到 2 头／株，现蕾前期 10 头／株，现蕾开花期 20 头／株时，可选用吡虫啉、啶虫脒、菊酯类、阿维菌素类等高效、低毒、低残留农药兑水喷雾防治，到了结荚期后应停止使用化学农药，如需防治可选用过筛灶膛灰、作物秸秆灰于露水未干时进行撒施，施用时注重撒向叶片的背面，以更好地发挥药用效果。

（五）根结线虫

1. 发生规律与危害特点

根结线虫是一类种类多、分布广、寄主广泛、危害极大和经济上极为重要的植物专性寄生线虫。由根结线虫侵染危害引起的病害称根结线虫病，在我国热带和亚热带地区，根结线虫病发生普遍。根结线虫病属土传病害，其整个生活史在植物根部与土壤中完成。根结线虫以 2 龄幼虫的形式入侵植物根部，在根中定植、产卵，繁殖下一代。由根结线虫引起的豇豆病害称之为豇豆根结线虫病害。豇豆根结线虫病是一种隐蔽性极强的病害，不易被人们所发现，当豇豆受到根结线虫侵害时，地上部表现出黄叶现象，种植户一般认为是缺肥所引起的黄叶现象，不易引起重视。根结线虫侵染豇豆根部后形成根结或根瘤，影响水分和养分的吸收，同时线虫留下的伤口还可引起真菌和细菌的侵染，诱发豇豆根腐病的发生，严重影响豇豆作物的产量和品质。

2. 防治措施

农业防治。清除病残体，深耕晒垡。在播种前，做好田园卫生是必不可少的。彻底清除前茬作物病残体，及时烧毁，减少病原。深耕晒垡，特别是夏季，应反复犁耙土壤，把线虫翻至土表，暴晒 30 天可明显降低根结线虫 2 龄幼虫（J2）虫口数，减少侵染源。播种前可适当使用杀线虫剂对土壤进行消毒处理，使根结线虫虫口数降到最低。在豇豆生长期增施有机肥对豇豆的生长非常有利。有机肥主要有堆肥、鸡粪、猪粪等，也可施用蟹壳粉、骨粉、大豆粉等有机添加物。栽培抗根结线虫品种，或进行水田与旱地交替耕作，均能达到控制根结线虫病的效果。

物理防治。高温闷棚消毒：同蓟马防控措施。

生物防治。穿刺巴斯德杆菌可以黏附在根结线虫的表皮，对根结线虫有一定的专化性。淡紫拟青霉在世界上广泛分布，在温暖的地区尤其多，以腐生的方式存在，能在土壤中竞争利用一系列底物，目前已成功应用于控制根结线虫。在豇豆生长期，于根结线虫侵染初期使用淡紫拟青霉控制根结线虫，可达到一定效果。

化学防治。豇豆根结线虫病的药剂防治可分 2 个阶段：首先是豇豆播种前的土壤处理，使用熏蒸性药剂进行土壤熏蒸，可以很好地起到预防该病害的作用，如用 0.5% 阿维菌素颗粒剂对畦面土壤进行消毒；其次是在豇豆生长过程中，发现有根结线虫病危害时，选用低毒、高效杀线虫剂，施药次数视线虫虫口密度而定，如用 1.8% 阿维菌素乳油等进行沟施或灌根。

二、主要病害及其防治

目前已报道的豇豆主要病害有锈病、白粉病、炭疽病、基腐病、枯萎病、疫病等。

（一）锈病

1. 发生规律与危害特点

锈病主要危害豇豆叶片，严重时也可危害茎、蔓、叶柄及豆荚。病菌喜温暖高湿的环境，适温时，寄主植物表面水滴是锈病病菌萌发和侵入的必要条件。锈病发生适宜温度范围 21～32℃，田间发病最适温度 23～27℃，相对湿度需要 90% 以上，一般发病潜伏期为 7～10 天。开花结荚期，日均温 24℃、连阴多雨、昼夜温差大及早晚重露多雾利于锈病快速流行。一般多从较老的叶片开始发病，先出现稍微隆起的褪绿色黄白斑点，后逐渐扩大形成黄色晕圈的红褐色脓疱。发病严重时，叶片布满锈褐色病斑，叶片枯黄脱落，植株早衰，收荚期缩短。随着植株衰老或天气转凉，叶片上形成黑色椭圆形或不规则形病斑。偶尔在叶片正面产生栗褐色粒点，在叶片背面产生白色或黄白色的疱斑。茎蔓、叶柄及豆荚染病，症状与叶片相似。豆荚染病，形成突出表皮疱斑，失去食用价值、商品价值。

2. 防治措施

农业防治。根据当地种植习惯，选用抗病性强的种植品种。与非豆科作物轮作 2～3 年，春季豆类蔬菜地与秋季豆类蔬菜地应隔一定距离，避免病菌交互侵染。高畦栽培，合理密植，及时整枝，雨后排水，降低田间湿度；及时摘除中心病叶，防止病菌扩展蔓延；采用配方施肥技术，增施磷钾肥，提高植株抗病力；收获后及时清洁田园，清除病残株。

物理防治。高温闷棚消毒：同蓟马防控措施。初花期、初果期，喷施氨基寡糖素等免疫诱抗剂及芸苔素内酯等植物生长调节剂，保花保果、提高豇豆抗病性。

化学防治。预防用药是前提。下雨后及时喷施50%多菌灵可湿性粉剂800～1000倍液，即可有效预防锈病的发生。喷药时重点要把药喷到植株中、下部位，要轮换用药。喷药时加入0.2%～0.3%磷酸二氢钾叶面肥，会促使植株尽快恢复长势。可选用蛇床子素、硫磺·锰锌、苯甲·嘧菌酯、吡萘·嘧菌酯、氟菌·肟菌酯、腈菌唑等药剂进行防治。

（二）白粉病

1. 发生规律与危害特点

豇豆白粉病是较常见且危害严重的一种病害，在我国南北菜区均普遍发生，病害流行季节可造成植株叶片大量发病枯死，从而降低产量和品质。白粉菌是一类活物营养的寄生菌，它不能在病残体上腐生。在我国北方主要靠闭囊壳越冬，翌年产生分生孢子和子囊孢子，侵入豇豆，形成田间初侵染。但在南方一般不产生抗逆性强的闭囊壳世代，其初侵染来源主要是田间其他寄主作物或杂草染病后长出的分生孢子。白粉菌是一类很耐干旱的真菌。一般真菌引起的植物病害，多雨都易诱发病害严重，而对白粉病，多雨反倒会抑制病害的发展。此病主要危害叶片，也可侵染茎蔓及荚。叶片发病，初期叶背呈黄褐色斑点，扩大后呈紫褐色斑，上面覆盖1层白粉（病菌生殖菌丝产生大量分生孢子），后病斑沿叶脉发展，白粉布满整叶。严重时叶面也显症，导致叶片枯黄，引起大量落叶。

2. 防治措施

农业防治。选择地势高燥、排水良好的地块种植豇豆。合理布局，秋豇豆地最好远离夏豇豆地种植。多施腐熟优质有机肥，增施磷、钾肥，促进植株健壮生长。及时浇水追肥，防止植株生长中后期缺水脱肥。避免种植过密，使田间通风透光。注意清洁田园，及时摘除中心病叶、收获后及时清除田间病残体，集中做深埋处理。

物理防治。高温闷棚消毒：同蓟马防控措施。初花期、初果期，喷施氨基寡糖素等免疫诱抗剂及芸苔素内酯等植物生长调节剂，保花保果、提高豇豆抗病性。

化学防治。温室大棚重茬栽培豇豆，应于播种前10天左右，造墒后覆膜盖棚，密闭，使棚室温度尽可能升高至45℃以上进行消毒。温度越高、时间持续越长，效果越好。冬春大棚升温困难，也可每公顷温室大棚用30～45千克硫黄粉掺75～90千克锯末点燃熏蒸，还可用45%百菌清烟剂15千克/公顷熏蒸，熏蒸时，温室大棚需密闭。于抽蔓或开花结荚初期发病前喷药预防，最迟于发病时喷药控病，以保果为重点。

第三章 韭 菜

第一节 农药残留风险物质

韭菜是一种药食同源的植物，富含多种有益人体健康的维生素和微量元素，膳食纤维含量较高，其含有的硫化丙烯有药用价值。诸多优点使韭菜成为人们喜闻乐见的蔬菜，助长了消费市场的需求，进一步促进了韭菜产业的发展。然而，韭菜也受到许多病虫害的侵扰。

针对北京市蔬菜生产基地种植的韭菜农药使用情况进行统计发现，共有33种农药有效成分，分别是异菌脲、嘧霉胺、多效唑、啶酰菌胺、高效氯氰菊酯和氯氰菊酯、乙烯菌核利、甲萘威、异丙威、灭蝇胺、克百威（包括3-羟基克百威）、多菌灵、啶虫脒、腐霉利、甲霜灵、联苯菊酯、吡虫啉、除虫脲、灭幼脲、辛硫磷、茚虫威、苯醚甲环唑、吡唑醚菌酯、氟吡菌酰胺、高效氯氟氰菊酯和氯氟氰菊酯、噻虫嗪、烯酰吗啉、噻虫胺、氟硅唑、螺虫乙酯、螺螨酯、氟吡菌酰胺、哒螨灵、霜霉威。除克百威为限用农药外，其他均为常规农药。

使用率较高的农药有效成分为氯氰菊酯和高效氯氰菊酯、啶酰菌胺、多菌灵、腐霉利、吡虫啉、烯酰吗啉和噻虫胺。

啶虫脒、辛硫磷、氯氰菊酯、高效氯氟氰菊酯和腐霉利等5种农药在韭菜上使用后存在超过限量值的风险（表3-1），种植者使用这几种农药时需要规范使用，啶虫脒为非登记农药，不要在韭菜上使用；辛硫磷、氯氰菊酯等农药要严格遵照农药说明书中的施用剂量、施用次数和安全间隔期。执法部门和监管机构可将其列为重点监管的农药残留参数，提高监管的精准性，节约人力物力。

表 3-1　韭菜农药残留风险清单

残留农药有效成分	是否登记	最大残留限量（mg/kg）
啶虫脒	否	2
辛硫磷	是	0.05
氯氰菊酯	是	1
高效氯氟氰菊酯	是	0.5
腐霉利	是	5

第二节　登记农药情况

查询中国农药信息网（http：//www.chinapesticide.org.cn/），截至 2024 年 3月 7 日，我国在韭菜上登记使用的农药产品共计 273 个，包括单剂 205 个、混剂44 个；共 26 种农药有效成分（复配视为 1 种有效成分），其中杀虫剂 22 种、杀菌剂 3 种、除草剂 1 种。用于防控韭菜韭蛆、迟眼蕈蚊、葱须鳞蛾、蚜虫、蓟马、根蛆、蝼蛄、蛴螬、灰霉病等 9 种病虫害和杂草，详见表 3-2。

表 3-2　韭菜登记农药统计

防控对象	农药类别	农药名称及登记数量	部分登记证号	总含量	施用剂量 ［毫升（克）/ 亩］， 每季最大使用次数（次）	安全间隔期（天）
部分阔叶杂草	除草剂	二甲戊灵（1）	PD20070456	450 克 / 升	110～140，1	/
迟眼蕈蚊	杀虫剂	高效氯氰菊酯（4）	PD20050123	4.5%	10～20，1	10
			PD20092427	4.5%	10～20，2	10
			PD20040092	4.5%	10～20，3	14
			PD20070017	4.5%	10～20，/	/
葱须鳞蛾	杀虫剂	高效氯氰菊酯（1）	PD20141420	4.5%	30～50，1	10
		甲氨基阿维菌素苯甲酸盐（7）	PD20120105	5%	60～80，1	14
			PD20096094	4.5%	60～80，/	/
			PD20140533	1%	30～40，1	14
			PD20101769	2%	15～20，1	14
			PD20140653	3%	10～13，1	14
			PD20132041	5%	6～8，1	14
			PD20140559	5%	6～8，/	/
根蛆	杀虫剂	苦皮藤素（1）	PD20182273	0.3%	90～100，/	/
灰霉病	杀菌剂	腐霉利（5）	PD20084982	50%	40～60，1	21
			PD20090333	15%	133～333，1	21
			PD20092654	15%	200～333，1	21
			PD20090860	15%	230～330，1	21
			PD20092603	15%	250～350，1	21
		咯菌腈（1）	PD20095400	50%	15～30，2	14
		嘧霉胺（6）	PD20181966	20%	100～150，1	14

续表

防控对象	农药类别	农药名称及登记数量	部分登记证号	总含量	施用剂量[毫升（克）/亩]，每季最大使用次数（次）	安全间隔期（天）
灰霉病	杀菌剂	嘧霉胺（6）	PD20101315	20%	100～150，/	/
			PD20092755	30%	67～100，1	14
			PD20142255	40%	50～75，/	14
			PD20131892	40%	50～75，1	14
			PD20080552	400克/升	50～75，1	14
蓟马	杀虫剂	噻虫嗪（5）	PD20140749	25%	10～15，/	14
			PD20140165	25%	10～15，1	14
			PD20130670	25%	10～15，/	/
			PD20161467	50%	5～7.5，1	14
			PD20182668	70%	3.6～5.3，1	14
韭蛆	杀虫剂	吡虫·辛硫磷（1）	PD20092588	20%	500～750，2	10
		吡虫啉（80）	PD20172665	2%	1 000～1 500克，1	14
			PD20170072	2%	1 000～1 500，1	14
			PD20183614	2%	1 000～1 500，1	14
			PD20150421	2%	1 000～1 500，2	7
			PD20182837	2%	1 250～1 500，1	14
			PD20171051	2%	1 500～2 000，1	14
			PD20172885	5%	400～600，1	14
			PD20095921	10%	200～300，1	14
			PD20098527	10%	200～300，2	14
			PD20085197	10%	200～300，/	/
			PD20096027	10%	200～300，2	7
			PD20102000	10%	200～300，/	/
			PD20120403	20%	100～150，1	14
			PD20092141	25%	80～120，1	14
			PD20050155	25%	80～120，/	/
			PD20110917	50%	40～60，1	14
			PD20101684	50%	40～60，1	14

续表

防控对象	农药类别	农药名称及登记数量	部分登记证号	总含量	施用剂量[毫升（克）/亩]，每季最大使用次数（次）	安全间隔期（天）
韭蛆	杀虫剂	吡虫啉（80）	PD20110972	50%	40～60，/	/
			PD20140958	70%	29～42，1	14
			PD20150087	70%	29～43，1	14
			PD20110176	70%	30～40，1	14
			PD20050217	70%	30～42，1	14
		虫螨·噻虫胺（4）	PD20184238	28%	80～100，1	14
		虫螨腈（1）	PD20211061	10%	1 000～2 000，1	14
		虫螨腈·灭蝇胺（3）	PD20200750	20%	100～150，1	14
			PD20230244	400克/升	50～150，1	14
		虫螨腈·噻虫胺（12）	PD20231151	25%	200～400，1	21
			PD20212397	28%	60～100，1	14
			PD20212439	28%	60～80，1	14
			PD20240043	28%	80～100，1	14
			PD20211551	28%	80～100，1	21
			PD20230876	28%	80～100，1	7
		呋虫胺（1）	PD20171766	20%	225～300，1	21
		呋虫胺·高氟氯（1）	PD20211747	2%	1 000～2 000，1	10
		氟啶脲（14）	PD20084597	5%	200～300，1	14
			PD20082963	5%	250～300，1	14
			PD20085191	50克/升	200～300，1	14
			PD20084914	50克/升	200～300，/	/
		氟啶脲·噻虫胺（1）	PD20201089	20%	100～120，1	10
		氟铃·噻虫胺（1）	PD20183921	30%	100～125，1	7
		氟铃脲（10）	PD20092326	5%	300～400，1	14
			PD20170617	10%	200～300，1	14
			PD20183858	10%	200～300，1	21

续表

防控对象	农药类别	农药名称及登记数量	部分登记证号	总含量	施用剂量 ［毫升（克）/亩］， 每季最大使用次数（次）	安全间隔期（天）
韭蛆	杀虫剂	高效氯氰菊酯（1）	PD20120780	5%	35～50，2	10
		金龟子绿僵菌CQMa421（1）	PD20190001	2亿个孢子/克	4～6千克/亩，/	/
		苦参碱（3）	PD20102101	0.3%	1 666～3 333，/	/
		联苯·呋虫胺（5）	PD20212408	1%	1 500～2 100，1	14
			PD20211554	3%	440～660，1	14
			PD20240042	3%	500～700，1	14
			PD20200475	3%	550～660，1	14
		联苯·噻虫胺（8）	PD20230858	1%	3 000～4 000，1	14
			PD20212870	2%	1 000～2 000，1	14
			PD20211719	2%	1 000～2 000，1	15
			PD20230744	2%	1 500～2 000，1	14
			PD20211742	2%	1 500～2 000，/	/
			PD20240045	3%	640～800，1	14
		硫酰氟（1）	PD20110859	99%	75～100克/米^2，1	/
		氯氟·噻虫胺（3）	PD20183069	2%	1 500～2 000，1	10
			PD20200481	2%	1 500～2 000，1	7
		灭蝇·噻虫胺（3）	PD20182699	20%	450～600，/	30
			PD20220183	20%	450～600，1	30
			PD20201094	40%	60～80，1	7
		灭蝇胺（2）	PD20091470	50%	200～300，1	14
			PD20093698	70%	143～214，1	14
		球孢白僵菌（3）	PD20151440	150亿个孢子/克	250～300，/	/
			PD20152061	200亿个孢子/克	400～500，/	/
			PD20190002	300亿个孢子/克	90～120，/	/

续表

防控对象	农药类别	农药名称及登记数量	部分登记证号	总含量	施用剂量［毫升（克）/亩］，每季最大使用次数（次）	安全间隔期（天）
韭蛆	杀虫剂	噻虫·氟氯氰（1）	PD20211730	2%	900～1 200，/	14
		噻虫胺（21）	PD20190176	0.5%	3 000～4 200，1	14
			PD20212909	1%	1 500～2 100，1	14
			PD20211066	1%	2 000～3 000，1	14
			PD20183565	5%	360～420，1	14
			PD20181969	10%	225～250，1	14
			PD20170709	30%	70～80，1	14
			PD20200008	48%	40～50，1	14
			PD20140165	25%	180～240，1	14
			PD20161467	50%	90～120，1	14
			PD20152232	70%	65～85，1	14
			PD20161094	21%	450～550，1	21
		噻虫嗪·虱螨脲（1）	PD20230532	400克/升	110～130，1	14
		虱螨脲（6）	PD20200190	5%	250～300，1	21
			PD20211534	10%	150～200，1	14
		辛硫磷（3）	PD20110743	70%	350～570，1	14
			PD20211846	30%	620～820，1	17
		印楝素（2）	PD20140520	0.3%	1 330～2 660，/	/
			PD20130868	0.5%	800～1 600，/	/
蝼蛄	杀虫剂	硫酰氟（1）	PD20110859	99%	50～100克/米^2，1	/
蛴螬	杀虫剂	硫酰氟（1）	PD20110859	99%	50～100克/米^2，1	/
蚜虫	杀虫剂	高效氯氰菊酯（11）	PD20141420	4.5%	15～30，1	10
		苦参碱（3）	PD20141143	0.3%	250～375，/	/
杂草	除草剂	二甲戊灵（9）	PD20080441	330克/升	100～150，1	/

第三节　风险防控技术

一、主要虫害及其防治

目前已报道的韭菜病虫害有韭蛆、葱须鳞蛾、蓟马、蝼蛄、蛴螬、蚜虫等。虫害的防治按照"预防为主，综合防治"工作方针，以农业防治、物理防治、生物防治为主，科学合理使用高效、低毒化学农药。常规农业防治手段如清除残叶、深耕晒土通风、覆膜除杂草等。物理防治包括防虫网隔离、灯光诱杀、色板、色膜趋避诱杀、食诱剂诱杀等手段。生物防治包括使用昆虫信息素、保护天敌和生物农药。化学防治要根据虫害种类针对性选择登记农药，并严格遵循安全间隔期的规定。以下着重介绍韭菜生产中发生严重且防治难度大的韭蛆、葱须鳞蛾、蓟马、蚜虫、蛴螬等主要虫害的发生规律、危害特点及防治措施。

（一）韭蛆

1. 发生规律与危害特点

韭蛆，主要是双翅目蕈蚊科的幼虫，成虫为一种小型蚊子，不善飞，畏强光。常成群聚集，交配不久后即在原地产卵，卵多产于韭菜株丛地下 3～4 厘米处，蛀食假茎和鳞茎造成田间点片发生，危害严重。在露地韭菜中，1～4 代韭蛆分别发生于 5 月上旬、6 月中旬、8 月上旬及 9 月下旬。冬季以幼虫在韭根周围 3～4 厘米土中或鳞茎内休眠过冬。但在大棚韭菜栽培中，由于大棚温暖湿润的小气候环境，造成其终年危害，特别是 12 月至翌年 2 月为严重危害期。韭蛆主要危害韭菜的根部，虫量少时地上部分症状并不明显，而且植物自身长势弱也具有类似根蛆的危害状，如枯黄、萎蔫等。受害株叶子发黄萎蔫下垂，用手轻轻一提就可拔出，扒开表土可见死株周围有大量幼虫或蛹。春秋两季韭菜受害严重，常引起幼茎中空、腐烂及叶片折弯、倒伏，使韭叶枯黄而死。夏季高温时幼虫则向下活动，蛀入鳞茎取食，重者导致鳞茎腐烂、整片韭菜死亡。

2. 防治措施

农业防治。农业防治主要是通过改善种植环境和调整种植习惯来减少韭蛆的发生。例如，每 3～5 年与非百合科植物轮作一次。不施未经堆沤腐熟的有机肥或饼肥，施腐熟肥料要开沟深施后覆土，防止成虫产卵。另外，平时发现枯萎的葱蒜植株应及时挖除，并将钻藏于鳞茎中的地蛆杀死，以免危害其他植株。

物理防治。物理防治主要是利用一些物理手段来控制韭蛆的数量。可悬挂黑板监测韭蛆成虫。也可将糖、醋、酒、水和 90% 的敌百虫晶体按照 3:3:1:10:0.6 的比例配成溶液，每亩放置 1～3 盆，待溶液块用完时，随时添加，该方法对成虫的诱杀效果较好。

生物防治。生物防治是通过引入韭蛆的天敌或者寄生物来控制韭蛆的数量。在韭蛆低龄幼虫期，选择阴雨天气或早晚阳光较弱时，将微生物菌剂与细土混匀后撒施在韭菜基部，可选用 2 亿个孢子／克金龟子绿僵菌 CQMa421 颗粒剂，或 200 亿个孢子／克球孢白僵菌可分散油悬浮剂。

化学防治。化学防治是通过使用化学农药来控制韭蛆的数量。防治韭蛆，选用苦参碱、印棟素、灭蝇胺、噻虫胺、氟铃脲、噻虫嗪、氟啶脲、虱螨脲、吡虫啉等药剂，采取药剂喷淋，或"二次施药法"施药（先浇一遍水，再冲施药液）。

（二）葱须鳞蛾

1. 发生规律与危害特点

葱须鳞蛾，也称为葱菜蛾、韭菜蛾，属于菜蛾科的害虫，主要危害葱、韭菜、洋葱等百合科蔬菜及野生植物。在北方地区，葱须鳞蛾一年可以发生 5～6 代，以成虫在越冬韭菜干枯叶丛或杂草下越冬。5 月上旬成虫开始活动，5 月下旬幼虫开始危害，各代发育不整齐，从春到秋均有危害，其中 8 月的危害最为严重。初孵幼虫主要危害叶片，形成纵沟，叶片上形成长条形的白斑，随着虫龄增大，幼虫向基部转移，危害部位也逐渐向茎叶交界处延伸，蛀食茎部，引起腐烂，但不危害根部。被危害的叶片变黄枯萎，叶片功能变差，养分不能回流，影响根部生长，严重的会导致心叶变黄，叶和花薹多从伤口处断折，不仅影响当前韭菜的产量与品质，而且也会使第二年的产量大大降低。

2. 防治措施

农业防治。加强栽培管理，提高韭菜抗逆性。选择抗（耐）虫品种，合理施肥，重施有机肥。合理排灌水，开好排水沟，做到雨停无积水，防止湿气滞留。清洁田园，清除菜园内的其他寄主植物，防除杂草，减少虫源。韭菜夏季停收后，应及时翻晒韭菜根来杀灭虫卵，使韭菜向一个方向倒伏，晒十几天后，再使其向另一方向倒伏，如此翻晒多次。

物理防治。安装性信息素诱捕器监测葱须鳞蛾。在田间放置杀虫灯、黄板，配制糖酒液诱杀，有条件的露地和保护地栽培可设置防虫网，防止成虫侵入、危害。对葱须鳞蛾在成虫羽化期进行诱杀，可大量减少落卵量，减少幼虫基数。

化学防治。可选用高效氯氰菊酯、甲氨基阿维菌素苯甲酸盐等农药进行防治。

（三）蓟马

1. 发生规律与危害特点

蓟马成虫、若虫以锉吸式口器危害韭菜叶的表皮，然后以喙接伤口，靠吸收作用吸取韭菜汁液。叶部受害后，在叶面呈现着针穴大的白斑点，密密地铺满叶面，因而影响光合作用的进行，致使韭菜产量减少，品质降低。蓟马成虫极活跃，善飞，怕阳光，早、晚或阴雨天吸食强。在 25℃和相对湿度 60% 以下时有利其发生，高温高湿则不利。4—5月，天旱无雨或浇水不及时，受害最严重。病情严重时，韭菜叶片失水萎蔫、发黄、干枯、扭曲，会严重影响韭菜产量，降低食用价值。

2. 防治措施

农业防治。及时清除田间杂草和枯枝落叶，集中烧毁或深埋，消灭虫源。另外，在韭菜生长期间勤浇水、勤除杂草，可减轻蓟马的危害。

物理防治。利用蓟马对蓝色有趋性的特点，在田间设置蓝色粘板，诱杀成虫，粘板高度不高于作物20厘米，每隔1个月更换1次。前茬收割伤口愈合后的晴天上午覆盖地膜至温度40～45℃保持2小时，可杀死蓟马。

生物防治。利用小花蝽、捕食螨、寄生蜂等天敌昆虫可有效控制蓟马的种群数量。

化学防治。利用蓟马怕强光和取食植物幼嫩叶片的特点，选择在前茬收割伤口愈合后，早晨和傍晚施用噻虫嗪。

（四）蚜虫

1. 发生规律与危害特点

危害韭菜的蚜虫又叫韭蚜或黄蚜，成虫一般分为有翅蚜和无翅蚜。主要以若虫和成虫吸取韭菜汁叶，并以虫体及其分泌物污染韭株，初期集中在植株分蘖处，虫量大时布满全株。轻者叶片变黑，影响韭菜的产量和品质；重者可使叶片干枯致死，被害植株还容易发生霜霉病。蚜虫在春秋两季均可发生，以春季危害严重。

2. 防治措施

农业防治。清除杂草、残株和落叶，这样可以减少蚜虫的藏身之处，从而降低蚜虫的数量。

物理防治。在棚室风口添加30～40目防虫网，蚜虫喜欢黄色，可以在田间设置黄色粘板，以此吸引并捕获蚜虫，黄板下缘以距离地面10～15厘米为宜。

生物防治。使用蚜虫的天敌，如瓢虫、草蛉、食蚜蝇、蜘蛛、蚜茧蜂等来消灭蚜虫。

化学防治。防治蚜虫，选用苦参碱、高效氯氰菊酯、呋虫胺等药剂。

（五）蛴螬

1. 发生规律与危害特点

蛴螬是金龟子或金龟甲的幼虫，俗称鸡蟦虫等。成虫通称为金龟子或金龟甲。蛴螬是重要的地下害虫，成虫、幼虫均能危害，而以幼虫危害最严重。幼虫栖息在土壤中，取食萌发的种子，造成缺苗断垄；咬断根茎、根系，使植株枯死，且伤口易被病菌侵入，造成植物病害。当土壤潮湿时，蛴螬的活动最为旺盛，尤其在小雨连绵的天气危害严重。此外，蛴螬的危害是春、秋两季最重，蛴螬成虫有夜出性和日出性之分，夜出性种类多有不同程度的趋光性，夜晚取食危害；而日出性种类则白昼在植物上活动取食。

2. 防治措施

农业防治。清除田间杂草。不施用未腐熟有机肥料，以防止招引成虫来产卵。发生严重的地区，在深秋或初冬翻耕土地，不仅能直接消灭一部分蛴螬，并且将大量蛴螬暴露于地表，使其被冻死、风干或被天敌啄食、寄生等，一般可压低虫量 15%～30%，明显减轻第二年的发生与危害。土壤的温度、湿度直接影响着蛴螬的活动，蛴螬发育最适宜的土壤含水量为 15%～20%，土壤过干过湿；均会迫使蛴螬向土壤深层转移，如持续过干或过湿，则使其卵不能孵化，幼虫致死，成虫的繁殖和生活力严重受阻。因此，在不影响作物生长发育的前提下，可通过合理地控制灌溉来防治蛴螬。

物理防治。利用成虫的趋光性，采用频振式杀虫灯直接诱杀蛴螬成虫，可有效降低田间虫源基数。

生物防治。利用茶色食虫虻、金龟子黑土蜂、白僵菌等防治。

化学防治。选用硫酰氟进行防治。

二、主要病害及其防治

目前已报道的韭菜主要病害有灰霉病、疫病等。

（一）灰霉病

1. 发生规律与危害特点

韭菜灰霉病又称白斑叶枯病，俗称白点病，是由葱鳞葡萄孢菌侵染所引起的发生在韭菜上的病害。该病是在一个生长季中有多次再侵染可能的病害，主要危害韭菜叶片，比较典型的症状包括白点、干尖和湿腐等。露地韭菜田和保护地韭菜田都有发生，露地主要在春秋季发生，5 月零星危害，9 月遇连阴天时可导致大面积发生。在保护地生产中，大棚、小拱棚韭菜 10 月下旬可见灰霉病发生，温室韭菜通常 11 月下旬即零星发生，此后逐茬加重，以春节前后发病最为严重，危害时间长达 5～6 个月。病菌主要随灌溉、气流及其他农事操作进行传播，菌核在病残体或土壤中越夏。越夏菌核在当年秋末冬初韭菜扣棚后，开始萌发菌丝，菌丝上长出分生孢子梗和分生孢子，从韭菜割口进入，进行初侵染，引起发病，而后若棚内温、湿度适宜，则进行再侵染。地势低洼、开沟浅、排水不良的田块，发病较重；土壤瘠薄或板结缺氧，植株生长衰弱，有利于病害的发生；过分密植的植株，叶片旺长，氮肥施用过多，引起植株徒长，有利于发病。

2. 防治措施

农业防治。灰霉病是典型的低温高湿病害，通过控制棚内环境条件，适当提高棚室温度、降低棚室湿度可有效降低灰霉病发生程度。选用保温、透光性好和具有无滴防雾效果的棚膜，上午及时放风，降低湿度，棚内相对湿度应该控制在80% 以下。晴天的上午浇水，浇小水，并及时放风。

生物防治。扣棚前宜用木霉菌或芽孢杆菌等制剂随水冲施，扣棚后待韭菜长到 5 厘米左右时，喷施枯草芽孢杆菌或木霉菌防治灰霉病、疫病。木霉菌、枯草芽孢杆菌等适宜在早期预防时使用。使用生物菌剂要注意，活菌可能因气温较低等环境影响不利于生物菌剂发挥效果，选用时要考虑到施药条件和使用技术。

化学防治。发病初期及时熏烟或喷雾防治。可选用腐霉利、咯菌腈、嘧霉胺等进行防治。腐霉利作为防治灰霉病的药剂，由于其安全间隔期较长，如果距离韭菜的采收期不足 21 天，应避免使用或者延迟采收，防止残留超标。

（二）疫病

1. 发生规律与危害特点

韭菜疫病由烟草疫霉菌引起，菌丝生长最低温度 10℃，最适温度为 28～31℃，最高温度 37℃。该病原可以侵染茄果类、葱蒜类等作物。韭菜各个部位均能被侵染，以假茎和鳞茎受害最重。病叶多从中下部开始，初为暗褐色水浸状。病斑横跨其上，长度 5～50 毫米，有时扩展到叶片或花薹的一半。病部失水后有明显的缢缩，引起叶、薹下垂腐烂。湿度较大时，病部产生稀疏的灰白色霉状物。假茎受害呈水浸状浅褐色软腐，叶鞘易脱落。韭菜疫病一般在夏季多发，特别是在连续阴雨天气后，由于湿度大，温度适宜，疫病容易大面积爆发。在低洼、排水不良的地方，或者在温室大棚内，由于湿度大，通风不良，疫病也容易发生。长期连作韭菜，土壤中的病原菌积累增多，也会增加疫病的发生概率。

2. 防治措施

农业防治。选用直立性好，生长健壮的优良品种，可以很好地抵抗疫病，减少病害发生。在此基础上，还要避免与葱、茄子、番茄等作物连作，主要是因为病菌可以侵害这几种作物，如果种植了这几种作物，接下来再种韭菜，那么就有可能将其他作物上的病菌带到韭菜上，引发韭菜疫病。韭菜轮作一般 4～5 年换一茬，最少 3 年，这样可以很大程度减少病菌数量。注意及时浇水，浇水时需要注意，小水勤灌，不能贪图方便大水漫灌，避免病菌借助灌溉水传播，同时影响根部吸水。

生物防治。同韭菜灰霉病防控措施。

化学防治。若需要防治疫病，可选用烯酰吗啉、氰霜唑、氟啶胺等药剂作为临时用药，并严格按照农业农村部《特色小宗作物农药残留风险控制技术指标》要求的用药剂量、次数和安全间隔期等推荐指标进行指导使用。如暂无登记用药，推荐参照全国农业技术推广服务中心发布的《2024 年韭菜主要病虫害绿色防控技术方案》用药。

第四章 芹 菜

第一节　农药残留风险物质

芹菜是我国重要的蔬菜之一，生产量和消费量较大，在15个省（自治区、直辖市）均有种植。传统芹菜种植株距较窄，茎叶长势旺盛，特别到生长中后期环境荫蔽、通风不畅，致使病虫害多发、频发，违规使用农药容易导致芹菜出现农药残留问题。

针对北京市蔬菜生产基地种植的芹菜农药使用情况进行统计发现，共有38种农药有效成分，分别是联苯菊酯、三唑酮、乙烯菌核利、氟虫腈、啶虫脒、嘧霉胺、阿维菌素、灭幼脲、氯虫苯甲酰胺、氟菌唑、氯氰菊酯、啶酰菌胺、异菌脲、腐霉利、苯醚甲环唑、嘧霉胺、二甲戊乐灵、霜霉威、多菌灵、吡虫啉、吡唑醚菌酯、辛硫磷、茚虫威、虫螨腈、哒螨灵、甲霜灵、氯氰菊酯、异菌脲、溴氰菊酯、灭蝇胺、噻虫嗪、烯酰吗啉、噻虫胺、丙溴磷、螺虫乙酯、噻嗪酮、乙螨唑、呋虫胺。除氟虫腈为限用农药外，其他均为常规农药。

使用率较高的农药有效成分为啶虫脒、多菌灵、吡虫啉、吡唑醚菌酯、苯醚甲环唑、异菌脲和噻虫嗪。

氟虫腈、氯氰菊酯和啶虫脒等6种农药在芹菜上使用后存在超过限量值的风险（表4-1），种植者使用这几种农药时需要规范使用，氟虫腈为限用农药，不允许在芹菜上使用；啶虫脒和阿维菌素为非登记农药，不允许在芹菜上使用；氯氰菊酯、辛硫磷和噻虫胺要严格遵照农药说明书中的施用剂量、施用次数和安全间隔期使用。执法部门和监管机构可将其列为重点监管的农药残留参数，提高监管的精准性，节约人力物力。

表4-1　芹菜农药残留风险清单

残留农药有效成分	是否登记	最大残留限量（mg/kg）
氟虫腈	否	0.02
氯氰菊酯	是	1
啶虫脒	否	3
辛硫磷	是	0.05
阿维菌素	否	0.05
噻虫胺	是	0.04

第二节　登记农药情况

查询中国农药信息网（http：//www.chinapesticide.org.cn/），截至2024年3月7日，我国在芹菜上登记使用的农药产品共计176个，包括单剂170个、混剂6个；共13种农药有效成分（复配视为1种有效成分），其中杀虫剂9种、杀菌剂2种、植物生长调节剂2种。用于防治芹菜蚜虫、甜菜夜蛾、叶斑病、斑枯病4种病虫害和调节生长。详见表4-2。

表4-2　芹菜登记农药统计

防治对象	农药类别	农药名称及登记数量	部分登记证号	总含量	施用剂量[毫升（克）/亩]，每季最大使用次数（次）	安全间隔期（天）
蚜虫	杀虫剂	吡虫啉（42）	PD20040537	10%	10～20，2	14
			PD20096027	10%	10～20，2	7
			PD20095921	10%	10～20，3	7
			PD20102212	20%	5～10，3	7
			PD20040333	25%	4～8，2	7
			PD20121810	25%	4～8，3	7
			PD20110917	50%	2～4，3	7
			PD20140958	70%	1.5～2.5，3	7
			PD20110370	70%	1.5～3，3	7
		吡蚜酮（11）	PD20130932	25%	20～32，3	10
			PD20150954	25%	11.2～16.8，3	10
			PD20141957	25%	20～32，3	10
			PD20131191	25%	20～32，2	30
			PD20140360	50%	10～16，3	10
			PD20170035	50%	14～16.8，3	10
		啶虫脒（20）	PD20093646	5%	24～36，3	7
			PD20100061	10%	12～18，3	7
		呋虫胺·溴氰菊酯（1）	PD20210536	10%	15～20，1	7

续表

防治对象	农药类别	农药名称及登记数量	部分登记证号	总含量	施用剂量〔毫升（克）/亩〕，每季最大使用次数（次）	安全间隔期（天）
蚜虫	杀虫剂	氟啶虫酰胺·联苯菊酯（1）	PD20211290	15%	8～16，1	7
		苦参碱（1）	PD20132710	1.50%	30～40，1	10
		螺虫乙酯·溴氰菊酯（1）	PD20210236	30%	10～12，1	7
		氯氟·呋虫胺（1）	PD20211566	15%	6～10，1	7
		噻虫胺·溴氰菊酯（1）	PD20211805	250克/升	6～10，1	10
		噻虫嗪（24）	PD20060003	25%	4～8，1	10
			PD20141262	25%	4～8，3	10
			PD20131364	25%	4～8，2	5
			PD20130670	25%	4～8，3	7
			PD20141326	50%	2～4，3	7
甜菜夜蛾	杀虫剂	苦皮藤素（1）	PD20132487	1%	90～120，2	10
叶斑病	杀菌剂	苯醚甲环唑（2）	PD20070061	10%	67～83，3	5
斑枯病	杀菌剂	苯醚甲环唑（22）	PD20111445	10%	35～45，3	14
			PD20085870	10%	30～45，2	21
			PD20121394	10%	35～45，2	5
			PD20092680	10%	35～45，3	5
			PD20121314	10%	35～45，4	5
			PD20130231	30%	12～15，3	14
			PD20111156	30%	12～15，3	5
			PD20120461	37%	9.5～12，3	14
			PD20102041	37%	9.5～12，3	5
		咪鲜胺（10）	PD20093303	25%	50～70，3	10

续表

防治对象	农药类别	农药名称及登记数量	部分登记证号	总含量	施用剂量[毫升（克）/亩]，每季最大使用次数（次）	安全间隔期（天）
调节生长	植物生长调节剂	苄氨·赤霉酸（1）	PD20131024	3.60%	2 000～3 000 倍液，1	/
调节生长	植物生长调节剂	苄氨基嘌呤（1）	PD20200157	30%	4 000～6 000 倍液，2	/
		赤霉酸（37）	PD86101-42	3%	300～1 500 倍液，1	/
			PD86101-5	3%	400～2 000 倍液，/	/
			PD20085727	3%	400～600 倍液，1	/
			PD20172870	3%	500～600 倍液，2	/
			PD20094238	4%	/，1	14
			PD86101-41	4%	400～2 000 倍液，1	/
			PD86101-38	4%	400～2 000 倍液，3	15
			PD20093949	4%	400～800 倍液，1	/
			PD20083382	4%	500～1 000 倍液，1	14
			PD20200239	10%	1 500～2 000 倍液，2	/
			PD20182149	10%	1 700～2 500 倍液，2	/
			PD20121231	10%	900～1 000 倍液，2	/
			PD20152319	20%	2 000～3 000 倍液，2	/
			PD20094581	20%	2 000～3 333 倍液，2	/
			PD20095565	20%	4 000～5 714 倍液，1	20
			PD20083607	40%	4 000～20 000 倍液，/	/
			PD20200162	40%	6 000～10 000 倍液，1	/
			PD86183	75%	7 500～37 500 倍液，/	/
			PD20151797	80%	10 000～16 000 倍液，1	/
			PD86183-5	85%	8 500～42 500 倍液，/	/
			PD86183-12	85%	8 500～42 500 倍液，1	/
			PD86183-2	85%	8 500～42 500 倍液，2	/
			PD86183-42	85%	8 500～42 500 倍液，3	/

第三节　风险防控技术

一、主要虫害及其防治

根据报道及查阅相关文献，当前芹菜的主要虫害有胡萝卜微管蚜、甜菜夜蛾、南美斑潜蝇、二斑叶螨等。

（一）胡萝卜微管蚜

1. 发生规律与危害特点

胡萝卜微管蚜又名芹菜蚜，属于半翅目蚜科，主要分布在北京、吉林、辽宁、河北、山东、云南、广西和广东等地。胡萝卜微管蚜具有多型现象，有土黄色的翅胎生雌成蚜和黄绿色的无翅胎生孤雌蚜等，主要以若蚜和成蚜大量群集刺吸芹菜的幼嫩部位，如嫩叶、嫩梢、嫩茎，导致叶片卷缩。该虫分泌的蜜露还可以诱发煤污病。1 年可发生 10～20 代，以卵在金银花等忍冬属植物的枝条上越冬，高温干燥环境利于发生。

2. 防治措施

农业防治。防治蚜虫，除做好田间管理外，利用蚜虫明显的趋黄性进行诱杀，在田间插上高 60～80 厘米、宽 20 厘米左右的黄板，可诱杀有翅蚜虫，也可利用蚜虫避银灰色的生理习性，在田间覆盖银灰地膜，或在田间插竹竿，离地1.2 米处悬挂银灰色膜条，以有效驱除蚜虫。

物理防治。对于大棚芹菜，在棚室门口和通风口安装 40～60 目防虫网进行物理阻隔。在非天敌释放的田块，每亩悬挂 20～30 张黄色诱虫板诱杀有翅蚜。

生物防治。保护和利用天敌，如利用食蚜蝇、瓢虫等防治，释放天敌前优先采用生物制剂压低胡萝卜微管蚜害虫基数，施药后 7～10 天棚内初见害虫时释放天敌。在害虫发生初期或低龄幼虫期，选用绿僵菌、球孢白僵菌等微生物药剂。

化学防治。种植前可采用 55℃温水浸种、50% 多菌灵可湿性粉剂拌细土均匀撒施等方法进行种子和土壤处理。轮换使用不同作用机制农药，并严格遵守用药剂量、用药方法、用药次数和安全间隔期。防治胡萝卜微管蚜，可选药剂有苦参碱、吡虫啉、吡蚜酮、啶虫脒、噻虫嗪等。

（二）甜菜夜蛾

1. 发生规律与危害特点

甜菜夜蛾又名贪叶蛾，属于鳞翅目夜蛾科，广泛分布在全国各区域，其中以长江流域和黄河流域暴发频率较高。甜菜夜蛾幼虫体色变化大，腹节气门右斜上方有1个明显的白点,成虫前翅外缘有1列黑点,有明显的环形纹和肾形纹。主要以幼虫危害,3龄前幼虫在叶片背部取食叶肉,留下1层透明表皮,3龄后分散取食,在叶片留下孔洞或缺刻。1年可发生6~8代,以蛹在土壤中越冬。成虫昼伏夜出,具有假死性。

2. 防治措施

农业防治。收获后及时翻耕灭茬,防止虫源在收获后的残菜叶上繁殖,减少田间虫口基数。在干旱时改浇水灌溉为喷灌,通过人工造雨措施减轻甜菜夜蛾发生。

生物防治。在甜菜夜蛾等虫害发生初期或低龄幼虫期,可用金龟子绿僵菌、球孢白僵菌、甜菜夜蛾核型多角体病毒等微生物药剂进行防治。

物理防治。对于连片种植的露地芹菜,可在田间安装杀虫灯和信息素诱捕器诱杀甜菜夜蛾等鳞翅目害虫成虫,诱捕器进虫口高于植株生长点20厘米左右。

化学防治。根据病虫害发生情况,科学选择高效、低风险药剂,及时精准用药防治。种植前可采用55℃温水浸种、50%多菌灵可湿性粉剂拌细土均匀撒施等方法进行种子和土壤处理。轮换使用不同作用机制农药,并严格遵守用药剂量、用药方法、用药次数和安全间隔期。防治甜菜夜蛾,可选用苦皮藤素等药剂。

(三)南美斑潜蝇

1. 发生规律与危害特点

南美斑潜蝇又名拉美斑潜蝇,属于双翅目潜蝇科,主要分布在河北、山东、吉林、新疆、云南、贵州、四川等地。幼虫蛆状,初期半透明,后期颜色逐渐加深,从乳白色、黄色,到老熟幼虫的橙黄色;成虫中胸背板黑色、有光泽,小盾片为黄色。南美斑潜蝇主要以幼虫危害,取食叶肉并逐渐形成弯曲白色虫道,虫粪在虫道两侧呈断线点状排列。保护地1年可发生8~11代,在北方地区露地不能越冬,可随寄主植物的调运进行远距离传播。成虫具有趋光性和趋黄性。

2. 防治措施

农业防治。在作物生长期,加强田间调查,及时发现摘除受害叶片,并带出棚外烧毁或深埋。在作物收获后,及时把植株残体、杂草等清理出田园,恶化虫态生存环境,减少虫源。前茬作物收获后,在芹菜定植前,深翻土壤30厘米以上,使土壤表层的蛹不能羽化为成虫,降低虫口基数。美洲斑潜蝇喜食豆科、葫芦科、茄科等作物,因地制宜与苦瓜、葱、蒜类倒茬种植可减少虫害发生。低氮、高氮都能减少美洲斑潜蝇的取食和产卵,缺钾最利于美洲斑潜蝇的取食和产卵。因此,合理施肥在一定程度上也可减少美洲斑潜蝇的危害。

物理防治。在夏秋季节选择晴天,结合深翻土地在芹菜未定植前,进行高温消毒杀虫1周,使棚内温度达到60℃,可以有效消灭各种虫态。在日光温室上、下通风口安装40~60目防虫网,可以隔离露地蔬菜美洲斑潜蝇向温室内转移危害。橘黄色对美洲斑潜蝇成虫有强烈的引诱作用，在发生始盛期至盛末期，悬挂黄板诱杀成虫，交错悬挂，悬挂高度在植株顶部上方，相距 30cm。悬挂诱虫板 20 个 / 亩，7 天清理或更换 1 次。

生物防治。寄生性天敌潜蝇姬小蜂由于在北方日光温室寄生率高，是防治美洲斑潜蝇的首选天敌，另外草蛉、瓢虫等捕食性天敌也有一定抑制作用。

二、主要病害及其防治

目前已报道的芹菜主要病害有斑枯病、叶斑病、菌核病、软腐病等。

（一）斑枯病

1. 发生规律与危害特点

芹菜斑枯病又称叶枯病，属于真菌性病害，是芹菜上最常见的病害，可导致减产 50%～90%，甚至绝收。主要危害芹菜叶片和茎秆。叶片发病初期出现油渍状小斑点，后期病斑呈圆形或者不规则形。病斑有大斑和小斑两种类型，大型病斑散生，外缘深褐色，中心褐色，发病严重时整叶枯黄；小型病斑边缘明显，中央呈黄白色或灰白色；发病严重时整叶变褐干枯，似火烧状。茎秆发病初期出现油渍状梭形或不规则形褐色病斑，后期严重时茎秆折断、倒伏。低温高湿环境适宜发病，带菌种子和病残体是田间流行的主要侵染源，病原菌以菌丝体在种皮内或病残体上越冬。

2. 防治措施

农业防治。优先选用适合当地种植的抗（耐）性品种。芹菜斑枯病等病害的主要侵染源为带菌种子和病残体，因此提倡与水稻、玉米等作物轮作，不宜与芫荽（香菜）、胡萝卜等其他伞形科蔬菜重茬种植。播种前深翻土壤 30 厘米，晒垡 5～7 天，在沟渠和保护地边缘撒生石灰，结合深耕施足基肥，合理追肥。注重清洁田园，在芹菜生长期和采收后及时清理病残株。对于大棚芹菜，白天棚室温度宜控制在 15～20℃，高于 25℃ 时及时放风、降温降湿，相对湿度控制在 50%～60%；夜间温度不宜低于 10℃，相对湿度不高于 80%。在夏季高温休闲时间，进行高温闷棚消毒。将粉碎的稻草或玉米秸秆 500 千克 / 亩，猪粪、牛粪等未腐熟的有机肥 4～5 米³/ 亩，氰氨化钙 70～80 千克 / 亩，均匀铺撒在棚室内的土壤表面。然后用旋耕机深翻地 25～40 厘米，起垄后覆膜浇水同时封闭棚膜。保持高温闷棚 20～30 天，处理结束后揭膜，旋耕土壤晾晒 7～10 天，使用微生物菌剂处理后即可种植。

生物防治。预防土传病害，可在播种或定植前使用木霉菌、枯草芽孢杆菌等生物菌剂进行土壤处理。

化学防治。种植前可采用 55℃ 温水浸种、50% 多菌灵可湿性粉剂拌细土均匀撒施等方法进行种子和土壤处理。可选用咪鲜胺、苯醚甲环唑、吡唑醚菌酯、丙环唑、戊唑醇等药剂。

（二）叶斑病

1. 发生规律与危害特点

芹菜叶斑病又称早疫病，属于真菌性病害，在保护地和露地均可发生，一般造成损失 10%～20%。该病从苗期至收获期均可发生，常危害叶片和茎秆。叶片发病初期出现部分黄绿色水渍状小斑，后期蔓延扩大成大斑，叶片褐色且呈凹陷状。茎秆感染后出现不规则浅褐色水渍状病斑，严重时茎秆凹陷或折断，甚至全株倒伏。高温高湿条件适宜发病，带菌种子和病残体是主要侵染源，病原菌以菌丝体在种子、病残体上越冬。

2. 防治措施

农业防治。可参考斑枯病防治措施。

生物防治。可参考斑枯病防治措施。

化学防治。可参考斑枯病防治措施。

（三）菌核病

1. 发生规律与危害特点

芹菜菌核病属于真菌性病害，多年重茬地块发病严重。常危害芹菜叶片和茎秆，叶片发病初期出现淡黄色水渍状病斑，湿度大时会形成茂密的白色霉层，后期在适宜条件下腐烂部位出现黑色菌核。茎秆发病初期呈浅褐色水渍状病斑，病斑凹陷，表皮干枯纵裂或呈软腐状，后期产生黑色菌核。低温高湿环境利于发病，病原菌通过成熟子囊盘释放的子囊孢子侵染寄主，并以菌核在土壤、种子中越冬或越夏。

2. 防治措施

农业防治。可参考斑枯病防治措施。

生物防治。可参考斑枯病防治措施。

化学防治。可参考斑枯病防治措施。

（四）软腐病

1. 发生规律与危害特点

芹菜软腐病俗称腐烂病，发病症状主要表现在叶柄上。幼苗染病，心叶坏死腐烂，呈"烧心"状。成株期染病，症状主要表现为叶柄基部、茎基部和茎上呈现水渍状纺锤形或不规则形凹陷病斑，颜色由淡褐色变为黄褐色或黑褐色，病斑迅速向内扩展，内部组织腐烂变黑，散发出恶臭味，严重时烂掉枯死。引起芹菜软腐病的致病菌为胡萝卜软腐欧氏杆菌胡萝卜软腐致病型，该菌喜欢在高温潮湿的环境中生存。春夏气温高、湿度大，是软腐病的高发期。致病菌可通过病残株在田间或堆肥中越冬，遇到适宜的条件，借助水及昆虫等媒介进行传播，从植株根部伤口处侵入，进入导管内潜伏繁殖，引发病害。连作、地势低洼有积水的地块发病较重，肥水管理不当、有机基肥不足、氮肥施用过多、种植过密影响通风和透光的则发病重。

2. 防治措施

农业防治。应避免重茬，可与麦类、水稻等作物轮作。田间管理时要避免伤害到植株，合理水肥，避免过多施用氮肥，及时清除田间病残体。芹菜在栽培过程中，应避免植株根部培土过高，防止叶柄埋入土中。

第五章　草　莓

第一节　农药残留风险物质

草莓因其酸甜的口感，丰富的营养价值而深受消费者喜爱。草莓在北京市广泛种植，特别是昌平区种植规模最大，已经成为当地特色产业。草莓属于病虫害高发的作物，主要有三个原因：一是草莓的果实是一种裸果，植株矮小，皮薄且外皮无保护作用，茎、叶、果实接近地面；二是日光温室的设施栽培环境具有相对封闭性、高温、高湿条件易导致各类病虫害滋生蔓延；三是草莓主产区多年生产、重茬连作等现象，也易滋生病虫害。草莓采摘园经常边采摘边品尝，农药不规范使用易带来农药残留风险。

针对北京市蔬菜生产基地种植的草莓农药使用情况进行统计发现，共有51种农药有效成分，分别是啶虫脒、嘧菌酯、联苯肼酯、啶酰菌胺、乙嘧酚磺酸酯、多菌灵、氯虫苯甲酰胺、四螨嗪、高效氯氟氰菊酯、苯醚甲环唑、烯酰吗啉、乙嘧酚、乙螨唑、氟啶虫酰胺、咯菌腈、氟吡菌酰胺、氟硅唑、粉唑醇、己唑醇、噻螨酮、吡虫啉、茚虫威、异丙威、醚菌酯、甲霜灵、腈菌唑、咪鲜胺、腐霉利、吡唑醚菌酯、哒螨灵、嘧霉胺、乙基多杀菌素、戊唑醇、四氟醚唑、甲基硫菌灵、肟菌酯、氟菌唑、十三吗啉、噻虫嗪、嘧菌环胺、氟酰脲、螺虫乙酯、氟啶虫胺腈、异菌脲、甲维盐、多杀霉素、阿维菌素、螺螨酯、敌敌畏、百菌清、氧乐果。除氧乐果为限用农药外，其他均为常规农药。

使用率较高的农药有效成分为联苯肼酯、乙嘧酚磺酸酯、乙螨唑、吡唑醚菌酯、氟啶虫酰胺、十三吗啉、啶虫脒、乙嘧酚、嘧菌酯和啶酰菌胺。

阿维菌素、啶酰菌胺和联苯肼酯等12种农药在草莓上使用后存在超过限量值的风险（表5-1），种植者使用这几种农药时需要规范使用，氧乐果为限用农药，在草莓上不允许使用；氟啶虫胺腈、敌敌畏和多菌灵为非登记农药，不允许使用；阿维菌素、啶酰菌胺等农药应严格遵照农药说明书中的施用剂量、施用次数和安全间隔期使用。执法部门和监管机构可将其列为重点监管的农药残留参数，提高监管的精准性，节约人力物力。

表 5-1　草莓农药残留风险清单

残留农药有效成分	是否登记	最大残留限量（mg/kg）
阿维菌素	是	0.02
啶酰菌胺	是	3
联苯肼酯	是	2
氟酰脲	是	0.5
氧乐果	否	0.02
氟吡菌酰胺	是	0.4
腈菌唑	是	1
氟啶虫酰胺	是	1.2
氟啶虫胺腈	否	0.5
敌敌畏	否	0.2
多菌灵	否	0.5
啶虫脒	是	2

第二节　登记农药情况

查询中国农药信息网（http：//www.chinapesticide.org.cn/），截至 2024 年 3 月 7 日，我国在草莓上登记使用的农药产品共计 155 个，包括单剂 114 个、混剂 41 个；共 75 种农药有效成分（复配视为 1 种有效成分），其中杀虫剂 14 种、杀菌剂 51 种、除草剂 1 种、杀螨剂 3 种、杀线虫剂 3 种、植物生长调节剂 3 种。用于防治白粉病、灰霉病、炭疽病、枯萎病、叶斑病、蓟马、蚜虫、叶螨、红蜘蛛、二斑叶螨、斜纹夜蛾、茎线虫、根结线虫、一年生态阔叶杂草等 14 种病虫害和一年生阔叶采草、调节生长。详见表 5-2。

表 5-2　草莓登记农药统计

防控对象	农药类别	农药名称及登记数量	部分登记证号	总含量	施用剂量[毫升（克）/亩，每季最大使用次数（次）]	安全间隔期（天）
白粉病	杀菌剂	氨基寡糖素（1）	PD20097891	2%	150～250，/	/
		苯甲·嘧菌酯（1）	PD20142224	30%	1 000～1 500 倍液，3	7
		吡唑醚菌酯（2）	PD20183173	20%	38～50，3	5
		吡唑醚菌酯·戊菌唑（1）	PD20220340	30%	9～12，3	5

续表

防控对象	农药类别	农药名称及登记数量	部分登记证号	总含量	施用剂量[毫升（克）/亩]，每季最大使用次数（次）	安全间隔期（天）
白粉病	杀菌剂	粉唑·嘧菌酯（1）	PD20171384	40%	20～30，2	3
		粉唑醇（3）	PD20161624	25%	20～40，3	7
		氟菌·肟菌酯（1）	PD20152429	43%	15～30，3	5
		氟菌唑（2）	PD142-91	30%	15～30，3	5
		互生叶白千层提取物（1）	PD20190104	9%	67～100，/	/
		解淀粉芽孢杆菌AT-332（1）	PD20211022	50亿CFU/克	70～140，3	/
		枯草芽孢杆菌（9）	PD20210294	1 000亿CFU/克	80～100，3	/
		醚菌·啶酰菌（3）	PD20170580	300克/升	37.5～50，3	7
		醚菌酯（5）	PD20095289	30%	15～40，3	5
		嘧菌酯（1）	PD20120353	125%	40～50，3	5
		蛇床子素（1）	PD20172589	0.40%	100～125，1	/
		四氟·肟菌酯（1）	PD20181125	20%	13～16，3	7
		四氟·醚菌酯（2）	PD20183278	20%	40～50，3	7
		四氟醚唑（8）	PD20170865	25%	10～12，3	7
		戊菌唑（1）	PD20172518	25%	7～10，3	5
		乙嘧酚（2）	PD20131929	25%	80～100，3	7
		乙嘧酚磺酸酯（3）	PD20183737	25%	50～70，2	7
		唑醚·啶酰菌（1）	PD20182440	38%	30～40，3	3
		唑醚·氟酰胺（2）	PD20170739	98%	10～20，4	7
灰霉病	杀菌剂	β-羽扇豆球蛋白多肽（1）	PD20190105	20%	160～220，/	/
		吡唑醚菌酯（1）	PD20180861	50%	15～25，3	5
		啶酰·嘧菌酯（1）	PD20200464	45%	40～60，2	3
		啶酰菌胺（5）	PD20081106	50%	30～45，3	3
		多抗霉素（1）	PD20151483	16%	20～25，2	3
		氟吡菌酰胺·嘧霉胺（1）	PD20200234	500克/升	60～80，2	3
		氟菌·肟菌酯（1）	PD20152429	43%	20～30，2	5

续表

防控对象	农药类别	农药名称及登记数量	部分登记证号	总含量	施用剂量［毫升（克）/亩］，每季最大使用次数（次）	安全间隔期（天）
灰霉病	杀菌剂	氟唑菌酰羟胺·咯菌腈（1）	PD20210440	400 克/升	50～70，2	3
		腐霉利·咯菌腈（1）	PD20230106	70%	20～30，3	3
		咯菌腈·异菌脲（1）	PD20210453	50%	45～60，/	/
		虎杖根茎提取物（1）	PD20240061	0.40%	80～100，/	/
		解淀粉芽孢杆菌QST713（1）	PD20211364	10 亿 CFU/克	350～500，/	/
		腈菌唑·乙嘧酚磺酸酯（1）	PD20230900	35%	120～150，2	7
		克菌丹（5）	PD20080466	50%	400～600 倍液，/	2
		枯草芽孢杆菌（5）	PD20131432	1 000 亿个活芽孢/克	40～60，/	/
		嘧环·咯菌腈（1）	PD20120252	62%	30～45，3	3
		嘧霉胺（2）	PD20085867	25%	120～150，/	/
		木霉菌（1）	PD20160753	3 亿个孢子/克	100～300，/	/
		异丙噻菌胺（1）	PD20212928	400 克/升	50～83，3	3
		抑霉·咯菌腈（2）	PD20183935	25%	1 000～1 200 倍液，2	3
		唑醚·啶酰菌（6）	PD20212710	38%	50～60，3	7
		唑醚·氟酰胺（2）	PD20160350	42%	20～30，3	7
炭疽病	杀菌剂	d-柠檬烯（1）	PD20184008	5%	90～120，/	/
		苯甲·嘧菌酯（3）	PD20180297	325 克/升	40～50，3	7
		苯醚甲环唑（5）	PD20102132	250 克/升	1 500～2 000 倍液，/	/
		吡唑醚菌酯（1）	PD20172582	25%	30～40，3	7
		二氰·吡唑酯（1）	PD20210461	40%	20～30，3	5
		二氰蒽醌（1）	PD20096835	22.70%	100～120，2	7
		氟啶胺（1）	PD20141977	500 克/升	25～35，3	7
		克菌丹（1）	PD20101127	80%	60～75，2	3
		咪鲜胺（2）	PD20098187	25%	20～40，3	14
		嘧菌酯（3）	PD20182836	50%	15～30，2	7

续表

防控对象	农药类别	农药名称及登记数量	部分登记证号	总含量	施用剂量[毫升（克）/亩]，每季最大使用次数（次）	安全间隔期（天）
炭疽病	杀菌剂	嘧酯·噻唑锌（1）	PD20151282	50%	40～60，3	5
		木霉菌（1）	PD20152195	2亿个/克	60～70，/	/
		戊唑醇（2）	PD20120883	25%	20～28，3	5
		唑醚·锰锌（1）	PD20180353	60%	60～100，3	5
枯萎病	杀菌剂	井冈·多粘菌（1）	PD20131195	/	1 000～1 200倍液，/	/
		枯草芽孢杆菌（1）	PD20161407	2000亿CFU/克	400～800倍液，/	/
		木霉菌（2）	PD20160752	2亿孢子/克	330～500倍液，/	/
		氰烯菌酯（1）	PD20201040	15%	400～660倍液，1	/
		氰烯菌酯·苯醚甲环唑（1）	PD20201044	30%	1 000～2 000倍液，2	7
根腐病	杀菌剂	甲基营养型芽孢杆菌9912（1）	PD20181602	30亿芽孢/克	1～2克/㎡，/	/
		棉隆（1）	PD20151197	98%	30～45克/㎡，1	/
	杀虫剂	异硫氰酸烯丙酯（1）	PD20181600	20%	3 000～5 000，1	/
叶斑病	杀菌剂	吡唑醚菌酯（1）	PD20184115	250克/升	24～40，3	5
二斑叶螨	杀螨剂	乙唑螨腈（1）	PD20181622	30%	10～20，2	5
		腈吡螨酯（1）	PD20190052	30%	11～22，/	/
	杀虫剂	联苯肼酯（2）	PD20096837	43%	10～25，2	1
红蜘蛛	杀螨剂	丁氟螨酯（1）	PD20230706	30%	2 500～3 500倍液，1	3
	杀虫剂	藜芦根茎提取物（1）	PD20131807	0.10%	120～140，1	10
		联苯肼酯（3）	PD20182594	43%	20～30，1	3
		依维菌素（1）	PD20120411	0.50%	500～1 000倍液，2	5
		乙螨唑（1）	PD20120215	110克/升	3 500～5 000倍液，5	5
叶螨	杀虫剂	丁氟螨酯（1）	PD20130410	20%	40～60，1	3
蚜虫	杀虫剂	吡虫啉（1）	PD20040631	10%	20～25，2	5
		吡蚜·噻虫胺（1）	PD20180292	30%	20～25，1	5
		氟啶虫酰胺（1）	PD20110324	10%	30～50，2	1
		苦参碱（3）	PD20132710	1.50%	40～46，/	/
		双丙环虫酯（1）	PD20190012	50克/升	10～16，1	1

续表

防控对象	农药类别	农药名称及登记数量	部分登记证号	总含量	施用剂量[毫升（克）/亩]，每季最大使用次数（次）	安全间隔期（天）
蓟马	杀虫剂	啶虫·氟酰脲（1）	PD20171729	16%	20～25，1	3
斜纹夜蛾	杀虫剂	阿维菌素（1）	PD20110399	5%	18～23，1	7
		甲氨基阿维菌素苯甲酸盐（1）	PD20122049	5%	3～4，2	7
线虫	杀线虫剂	棉隆（1）	PD20070013	98%	30～40 克/米^2，/	/
根结线虫	杀虫剂	硫酰氟（1）	PD20110859	99%	50～75 克/米^2，1	7
	杀线虫剂	棉隆（2）	PD20220355	98%	35～40 克/米^2，1	/
一年生阔叶杂草	除草剂	甜菜安·宁（2）	PD20152361	160 克/升	300～400，1	/
调节生长	植物生长调节剂	表芸苔素内酯（2）	PD20183766	0.01%	3 300～5 000 倍液，/	/
		苄氨·赤霉酸（1）	PD20094648	3.60%	1 500～3 000 倍液，/	/
		噻苯隆（1）	PD20173025	0.20%	15～25，/	/

第三节　风险防控技术

一、主要虫害及其防治

目前已报道的草莓上虫害（包括螨虫、线虫）有蓟马、蚜虫、红蜘蛛、二斑叶螨、斜纹夜蛾、茎线虫、根结线虫等。危害部位包括花、叶、果、茎、根，危害症状包括叶片扭曲变形、根部腐烂、生长受阻、矮小细弱、果实畸形、落花落果等，严重时造成植株死亡。虫害的防治以农业防治、物理防治、生物防治为主，科学合理使用高效、低毒化学农药。以下着重介绍草莓生产中发生严重且防治难度大的蓟马、蚜虫、叶螨、线虫等主要虫害的发生规律、危害特点及防治措施。

（一）蓟马（主要为草莓花蓟马）

1. 发生规律与危害特点

在华北地区年发生 6～8 代，温度合适时完成一代需 20～25 天。以成虫在枯枝落叶层、土壤表皮层中越冬，翌年 4 月中、下旬出现第一代，世代重叠严重。成虫寿命春季为 35 天左右，夏季为 20～28 天，秋季为 40 天以上，羽化后 2～3 天开始交配产卵，卵单产于花组织表皮下。若虫和成虫锉吸花的汁液，在花冠上产生灰白色的点状食痕和产卵痕，发生严重时可引起花瓣卷缩。蓟马在干旱少雨的春季和秋季发生严重。

2. 防治措施

农业防治。清除田间残枝、杂草，消灭虫源，夏季休耕期进行高温闷棚，起垄前用石灰氮或棉隆土壤消毒，同时灭除土中的虫卵虫蛹、病原菌、杂草种子等；栽培时用地膜覆盖，减少出土成虫数量；棚室通风口处设置防虫网，隔绝外来虫源。

物理防治。在田间每隔 10～15 米设置一张黄色或蓝色的粘虫板（蓝色效果更佳），可配合食诱剂进行诱捕，粘满后需及时更换。

生物防治。释放天敌如小花蝽、捕食螨、瓢虫、蜘蛛等捕食蓟马。

化学防治。草莓苗期及开花现蕾前最好将蓟马控住，药剂可选择啶虫·氟酰脲、乙基多杀菌素、噻虫嗪、啶虫脒、三氟甲吡醚、螺虫乙酯、苦参碱等。蓟马有很强的抗药性，注意交替用药，并且严格执行安全间隔期。

（二）蚜虫

1. 发生规律与危害特点

蚜虫喜欢群居，对黄色、橙色有强烈的趋性，绿色次之，繁殖迅速（部分种类可孤雌生殖），常聚集在幼苗、嫩叶、嫩茎和近地面的叶片上，取食寄主汁液，是危害作物范围最广泛的害虫之一。蚜虫刺吸植物汁液，不仅阻碍植物生长、形成虫瘿、排出蜜露和排泄物污染植物，引发煤污病，并且传播病毒，造成花、叶、芽畸形。蚜虫生活史复杂，无翅雌虫（干母）在夏季营孤雌生殖，卵胎生，产幼蚜。植株上的蚜虫过密时，有的长出两对大型膜质翅，寻找新宿主。夏末出现雌蚜虫和雄蚜虫，交配后，雌蚜虫产卵，以卵越冬，最终产生干母。温暖地区可无卵期。蚜虫一年能繁殖 20～30 代，寿命约 3 个月，世代重叠现象突出。

2. 防治

农业 / 物理防治。同蓟马防治措施。

生物防治。可采用瓢虫、寄生蜂、食蚜蝇、草蛉等天敌昆虫。

化学防治。可采用吡虫啉、吡蚜酮、吡蚜·噻虫胺、氟啶虫酰胺苦参碱、双丙环虫酯等进行防治。

（三）叶螨（主要为朱砂叶螨、二斑叶螨）

1. 发生规律与危害特点

叶螨体型小，圆形或椭圆形，体长 0.2～0.6 毫米，体色有红、橙、褐、黄、绿等颜色，一生经过卵、幼螨、若螨和成螨几个阶段，其生活周期短，繁殖迅速，一年可完成 10～15 代。危害植物造成叶片上出现针尖状失绿小斑点，大量发生时伴有丝网；植物受害严重时，叶片变薄、变白乃至脱落。

2. 防治措施

农业/物理防治。与蚜虫相同。

生物防治。可施放蚜虫、捕食螨、蜘蛛、草蛉等捕食性天敌。

化学防治。可使用乙唑螨腈、腈吡螨酯、联苯肼酯、丁氟螨酯、藜芦根茎提取物、依维菌素等药剂。

（四）线虫（地上部分——茎线虫、滑刃/拟滑刃线虫；地下部分——根结线虫等）

1. 发生规律与危害特点

危害草莓地上部分的线虫。初期症状为叶柄弯曲，叶片萎蔫短小、新叶扭曲畸形。叶和叶柄失去茸毛。苗期，主芽被害时，腋芽发生增多，但不久后该腋芽也出现症状。危害严重的植株，全株萎蔫、芽和叶柄萎蔫短缩，略带红色，最后枯死。线虫危害由夏到秋常见于长匍茎和苗，春天气温上升时亦可见。母本植株受害严重时，花芽退化、消失，不坐果。

危害草莓地下部分的线虫。在幼根的须根上形成球形或圆锥形、大小不等的白色根瘤，有的呈念珠状。被害株地上部生长缓慢、矮小、叶色异常、果实产量低，甚至造成植株提早死亡。

2. 防治措施

农业防治。对地上线虫：清除受侵染植株，烧掉受侵染的材料，在无病的土壤和容器中用健康的材料繁殖幼苗，避免植株间的接触和叶表面的湿度过高。对地下线虫：选用无虫土育苗。移栽时剔除带虫苗和根瘤。清除带虫残体，压低虫口密度，带虫根晒干后应烧毁。土壤增施有机肥料、磷钾肥料和微量元素肥料，确保植株健壮，提高其对根结线虫的抗逆性能；实行与大葱、大蒜的轮作与间作，留根让其长期保留，可明显减轻根结线虫的危害。深翻土壤。将表土翻至25 厘米以下，可减轻虫害发生。利用夏季高温休闲季节，起垄灌水覆地膜，密闭棚室两周；利用冬季低温冻垡等可抑制线虫发生。

物理防治。对地上线虫：草莓长匍茎进行热水处理（47℃处理15 分钟，46℃处理10 分钟），然后进行冷水浸泡。对地下线虫：在换茬时，采取火烧、水淹和高温焖室等方法加以铲除。针对根结线虫对电流和电压耐性弱的特点，可采用土壤电消毒法或土壤电处理技术进行防治。

化学防治。对地上线虫：叶面喷施棉隆、硫酰氟、草氨酰、涕灭威、对硫磷、内吸磷、速灭磷、灭多虫、克线磷，或用进行涕灭威和灭多虫进行土壤处理。对地下线虫：选用克线磷或阿维菌素，或用棉隆熏蒸处理土壤。幼苗定植时，取克线宝适量稀释250～300 倍液蘸根；作物生长期取克线宝稀释200 倍液浇根或者冲施、滴灌；或者长期用1.8% 阿维菌素乳油2 000～3 000 倍液灌根防治。

二、主要病害及其防治

目前已报道的草莓主要病害有白粉病、灰霉病、炭疽病、枯萎病、根腐病、叶斑病等。以下着重介绍前 3 种病害。

（一）白粉病

1. 发生规律与危害特点

病原为羽衣草单囊壳菌（子囊菌亚门真菌）专性寄生菌，在冷凉地区和设施栽培中高发，主要危害叶片、叶柄、花朵、花梗和果实，发病初期叶背面出现白色菌丝，后形成白粉；发病中期随着病菌的进一步侵染，形成灰白色的粉状微尘，叶片卷曲；发病后期叶片褪绿、黄化，其表面覆盖着白色霉层。花器危害表现为花瓣呈粉红色，花蕾不能开放。果实受害停止发育，严重时果实干枯硬化，形成僵果。白粉病喜低温高湿气候（10 月初发，12 月下旬进入盛发期，连续阴雨少日照天气下发生和蔓延迅猛），发生适温为 20℃，空气湿度 80%～100%。设施内通风、降湿、保温是防病关键。

2. 防治措施

化学防治。选用抗病品种、深翻土壤杀死病原、施足底肥增强抗病性、采用高畦种植、合理密植，平衡生长、创造合理的通风透光条件、控制棚内/田间温湿度、合理灌溉和追肥、发现病叶及时喷药并摘除，带到棚外深埋或焚烧。

化学防治。播种前用百菌清、精甲霜·锰锌等药剂拌种。发病初期及时喷药，可选用氨基寡糖素、苯甲·嘧菌酯、吡唑醚菌酯、戊菌唑、粉唑醇等药剂。

（二）灰霉病

1. 发生规律与危害特点

病原为灰葡萄孢菌（半知菌亚门真菌）。主要危害草莓叶、花、果实，也可侵染叶柄、果柄，叶片多从叶缘开始发病，向内呈"V"形扩展；花器染病，迅速枯萎；青果病斑褐变发僵；近成熟果实整果腐烂。在湿度大时，各部位病斑均可密生灰色霉层。该病喜嫩、嗜营养，故在草莓始花期至坐果期存在发病高峰；喜低温高湿，花期遇连阴天和光照不足的天气时极易发病。影响地上部分营养供给，生长迟缓，发病严重时出现萎蔫症状，以晴天中午明显。苗期至成株期均可染病，病菌浸入寄主 9～10 天后，根部开始形成肿瘤。

2. 防治措施

农业防治。种子臭氧灭菌处理，大剂量臭氧空棚灭菌，选用抗病无菌良种，合理密植，清洁苗圃，降低温室内湿度，变温通风，去除残留花瓣和柱头。

化学防治。以早期预防为主，掌握好用药的 3 个关键时期，即苗期、初花期、果实膨大期。施用 β-羽扇豆球蛋白多肽、吡唑醚菌酯、啶酰·嘧菌酯、啶酰菌胺、多抗霉素进行防治。

（三）炭疽病

1. 发生规律与危害特点

病原为炭疽菌属的多种真菌，如胶孢炭疽菌、草莓炭疽菌（黑斑）、尖孢炭疽菌（不规则叶斑）。叶片染病常见黑色水浸状小斑，部分慢性炭疽叶缘呈波纹状焦枯；叶柄、茎部染病有凹陷的纺锤形病斑；果实染病病斑凹陷发黑，软腐而僵。在草莓整个生育期均可发生侵染，尤以苗期、定植初期的危害最严重。高温高湿条件下，病情发展很快。

2. 防治措施

农业防治。选用抗病品种，加强田间管理，筑高苗床，便于排水、降低田间湿度；合理轮作密植，采用膜下滴灌，加强通风透光，降低草莓株间湿度，可有效降低病害发生；施足优质基肥，促进草莓健康生长，增强植株抗病能力。

化学防治。定植前可用苗根蘸药剂预防草莓炭疽病，可兼顾预防草莓根腐病和线虫，蘸根药剂可用嘧菌酯、甲霜噁霉灵、阿维菌素；缓苗后可用嘧菌酯、精甲霜灵、咯菌腈灌根；化学药剂灌根后 15 天可用枯草芽孢杆菌类结合腐殖酸冲施、滴灌或灌根；缓苗后至覆盖地膜前，可选用溴菌腈、嘧菌酯、二氰蒽醌、45% 咪鲜胺、多抗霉素防治。喷药时，地面、匍匐茎、叶面、叶片背面均应喷到，药剂应浸润主茎接触的周围土壤。选择在雨前和雨后用药，一般 7～10 天喷 1 次，封垄前 15 天连续喷药 3 次，劈叶、疏苗后立即用药。如发现病苗，应摘除病叶后立即喷药 2～3 遍，每次间隔 3～5 天。

第六章　辣椒及甜椒

第一节　农药残留风险物质

辣椒属于茄科，又名唐辛子、番椒、红椒、青椒等。辣椒的果实分为甜椒和辣椒两种。果实内含有丰富的维生素 C、蛋白质、糖类等营养物质，营养丰富，果实形态各异。具有重要的食疗保健作用和经济价值，深受消费者欢迎。辣椒生长过程中易受各种病虫害，严重影响了辣椒产量和品质；由于病虫害的发生，种植农户常用杀菌剂、杀虫剂和除草剂，导致辣椒出现农药残留超标的问题，因此对辣椒的病虫害风险防控要求需要规范、严格。

针对北京市蔬菜生产基地种植的辣椒农药使用情况进行统计，发现共有22 种农药有效成分，分别是啶虫脒、嘧菌酯、噻虫嗪、噻虫胺、多菌灵、吡唑醚菌酯、吡虫啉、灭幼脲、霜霉威、呋虫胺、苯醚甲环唑、腐霉利、啶酰菌胺、联苯菊酯、肟菌酯、虫螨腈、高效氯氟氰菊酯、敌敌畏、哒螨灵、溴氰菊酯、肟菌酯、烯酰吗啉。无禁限用农药，均为常规农药。使用率较高的农药有效成分为噻虫嗪、啶虫脒、吡虫啉、噻虫胺、多菌灵、联苯菊酯和高效氯氟氰菊酯。

针对北京市蔬菜生产基地种植的甜椒农药使用情况进行统计，发现共有20种农药有效成分，分别是啶虫脒、嘧菌酯、甲氨基阿维菌素苯甲酸盐、噻虫嗪、噻虫胺、多菌灵、吡唑醚菌酯、吡虫啉、灭幼脲、螺螨酯、霜霉威、呋虫胺、氯氰菊酯、苯醚甲环唑、腐霉利、啶酰菌胺、联苯菊酯、肟菌酯、虫螨腈、高效氯氟氰菊酯。使用率较高的农药有效成分为吡虫啉、多菌灵、腐霉利、噻虫嗪、吡唑醚菌酯、噻虫胺和啶酰菌胺。

辣椒和甜椒的部分参数限量值差异较大，如辣椒中啶虫脒的限量值为0.2 mg/kg，容易发生超过限量值的现象，而甜椒中啶虫脒的限量值为 1 mg/kg，超过限量值的风险很小。本节分别列出了辣椒和甜椒中易超过限量值的农药品种（表6-1 和表6-2），种植者使用这几种农药时需要规范使用，噻虫胺、啶虫脒、呋虫胺和敌敌畏为非登记农药，不要使用；高效氯氟氰菊酯、吡虫啉、肟菌酯、噻虫嗪和甲氨基阿维菌素苯甲酸盐需要严格遵照说明书中的施用剂量、施用次数和安全间隔期。执法部门和监管机构可将其列为重点监管的农药残留参数，提高监管的精准性，节约人力物力。

表 6-1　辣椒农药残留风险清单

残留农药有效成分	是否登记	最大残留限量（mg/kg）
噻虫胺	否	0.05
高效氯氟氰菊酯	是	0.2
啶虫脒	否	0.2
吡虫啉	是	1
呋虫胺	否	0.5
敌敌畏	否	0.2

表 6-2　甜椒农药残留风险清单

残留农药有效成分	是否登记	最大残留限量（mg/kg）
噻虫胺	否	0.05
吡虫啉	是	0.2
肟菌酯	是	0.2
噻虫嗪	是	0.7
甲氨基阿维菌素苯甲酸盐	是	0.02

第二节　登记农药情况

　　截至 2024 年 3 月 7 日，我国在辣椒上登记使用的农药产品共计 353 个，包括单剂 224 个、混剂 129 个；共 145 种农药有效成分（复配视为 1 种有效成分），其中杀虫剂 44 种、杀菌剂 86 种、杀虫剂/杀螨剂 1 种、杀螨剂/杀菌剂 1 种、植物生长调节剂 11 种、除草剂 2 种。用于防治辣椒白粉病、病毒病、疮痂病、猝倒病、根腐病、花叶病、灰霉病、红蜘蛛、蓟马、棉铃虫、白粉虱、茶黄螨、疫病等 28 种病虫害和调节生长、促进生根、除草等。详见表 6-3。我国现在甜椒上登记使用的农药产品共计 22 个，全部为单剂；共 4 种农药有效成分（复配视为 1 种有效成分），其中杀虫剂 29 种、杀菌剂/杀虫剂 2 种。用于防治甜椒炭疽病和疫病两种病虫害。详见表 6-4。

表 6-3　辣椒登记农药统计表

防治对象	农药类别	农药名称及登记数量	部分登记证号	总含量	施用剂量 [毫升（克）/亩]， 每季最大使用次数（次）	安全间隔期（天）
白粉病	杀菌剂	苯甲·氟酰胺（1）	PD20172779	12%	40～67，2	5
		啶氧菌酯·戊唑醇（1）	PD20211383	30%	24～36，3	7
		咪鲜胺（1）	PD20082000	25%	50～62.5，2	12
白粉虱	杀虫剂	联苯·噻虫嗪（1）	PD20183306	22%	20～40，1	5
		噻虫·高氯氟（2）	PD20173283	22%	5～10，2	14
		噻虫嗪（1）	PD20060003	25%	（1）7～15（2）0.12～0.2克/株，2 000～4 000倍液，2	3
		溴氰虫酰胺（1）	PD20151140	10%	50～60，3	3
病毒病	植物诱抗剂	氨基寡糖素（2）	PD20211198	5%	40～50，/	/
	植物生长调节剂	烷醇·硫酸铜（1）	PD20098344	2.80%	82.1～125，/	/
	杀菌剂	混脂·硫酸铜（1）	PD20101264	24%	78～117，/	/
		混脂·络氨铜（1）	PD20152635	30%	40～50，2	7
		几丁寡糖素醋酸盐（1）	PD20211361	5%	40～50，/	/
		苦参·硫磺（1）	PD20101370	13.70%	133～200，3	3
		氯溴异氰尿酸（1）	PD20095663	50%	60～70，3	3
		吗胍·硫酸铜（1）	PD20100185	20%	60～100，3	5
		吗胍·乙酸铜（2）	PD20102105	20%	120～150，3	5
		宁南霉素（2）	PD20180828	2%	300～417，3	7
			PD20097122	8%	75～104，3	7
		烯·羟·硫酸铜（1）	PD20101113	6%	20～40，/	/

续表

防治对象	农药类别	农药名称及登记数量	部分登记证号	总含量	施用剂量 ［毫升（克）/亩］， 每季最大使用次数（次）	安全间隔期（天）
病毒病	杀菌剂	香菇多糖（4）	PD20132216	0.50%	200 ～ 300，3	10
			PD20211375	2%	65 ～ 80，/	/
		辛菌胺醋酸盐（3）	PD20101492	1.20%	200 ～ 300，3	7
			PD20101188	1.80%	400 ～ 600 倍液，3	7
茶黄螨	杀虫剂	联苯肼酯（2）	PD20141904	43%	20 ～ 30，1	5
疮痂病	杀菌剂	锰锌·拌种灵（1）	PD20092251	20%	100 ～ 150，3	15
		氢氧化铜（1）	PD20110053	46%	30 ～ 45，3	5
促进生根	植物生长调节剂	三十烷醇·吲哚丁酸（1）	PD20230592	1%	1 500 ～ 3 000 倍液，1	/
猝倒病	杀菌剂	精甲·噁霉灵（7）	PD20212719	0.30%	7 ～ 9 克/米^2，2	21
			PD20211995	0.60%	4 000 ～ 5 000，1	/
			PD20210975	1.20%	2 250 ～ 3 000，1	/
			PD20150015	30%	30 ～ 45，3	10
			PD20150591	30%	37.5 ～ 45，3	/
		精甲·嘧菌酯（1）	PD20220338	0.80%	3 ～ 5 克/米^2，1	/
		霜霉·噁霉灵（2）	PD20211438	26.10%	300 ～ 500 倍液，1	/
			PD20184061	30%	300 ～ 400 倍液，/	/
根腐病	杀菌剂	二氯异氰尿酸钠（1）	PD20095555	20%	300 ～ 400 倍液，3	3
		咯菌·嘧菌酯（1）	PD20211172	1.50%	1 000 ～ 2 000，/	/
红蜘蛛	杀虫剂	藜芦根茎提取物（1）	PD20131807	0.10%	120 ～ 140，1	10
花叶病	杀菌剂	沼泽红假单胞菌 PSB-S（1）	PD20190022	2 亿 CFU/毫升	180 ～ 240，3	/
花叶病毒病	杀菌剂	甾烯醇（1）	PD20181615	0.06%	30 ～ 60 毫升/亩，/	/
灰霉病	杀菌剂	咪鲜胺锰盐（1）	PD20070522	50%	30 ～ 40，3	12

续表

防治对象	农药类别	农药名称及登记数量	部分登记证号	总含量	施用剂量［毫升（克）/亩］，每季最大使用次数（次）	安全间隔期（天）
蓟马	杀虫剂	硅藻土（1）	PD20201083	88%	1 000～1 500	/
		甲维·联苯（1）	PD20230707	11.80%	5～10，1	5
		球孢白僵菌（1）	PD20183086	150亿个孢子/克	160～200，/	/
		噻虫嗪（3）	PD20230264	21%	14～18，2	7
			PD20211504	0.5克/升	4 000～5 000，/	7
		溴氰虫酰胺（2）	PD20151140	10%	40～50，3	3
			PD20190179	19%	3.8～4.7，1	1
茎基腐病	杀菌剂	木霉菌（1）	PD20160752	2亿个孢子/克	4～6克/米², /	/
抗病	植物生长调节剂	超敏蛋白（1）	PD20070120	3%	500～1 000倍液，/	/
枯萎病	杀菌剂	大蒜素（1）	PD20161251	5%	400～800倍液，/	/
		咯菌·嘧菌酯（1）	PD20211987	0.60%	3 000～5 000，1	1
		枯草芽孢杆菌（5）	PD20151456	1 000亿CFU/克	200～300，/	/
			PD20211170	100亿CFU/克	400～600，/	/
			PD20130477	10亿CUF/克	药种比1:25～1:50，/	/
		咪鲜胺（1）	PD20080001	25%	500～750倍液，2	12
立枯病	杀菌剂	吡唑醚菌酯（1）	PD20211430	0.40%	10～12克/米²	/
		吡唑醚菌酯·咯菌腈（1）	PD20240063	0.30%	15～20克/米²，1	/
		丙环·嘧菌酯（3）	PD20211933	1%	600～1 000克/米³，1	/
		多·福（8）	PD20086070	30%	10～15克/米²，1	/
			PD20095015	30%	10～15克/米²	/
			PD20094293	30%	10～15克/米²，2	7
		噁霉灵（13）	PD20093653	8%	9.375～13.125克/米²，/	/

续表

防治对象	农药类别	农药名称及登记数量	部分登记证号	总含量	施用剂量[毫升（克）/亩]，每季最大使用次数（次）	安全间隔期（天）
立枯病	杀菌剂	噁霉灵（13）	PD20085077	15%	5～7 克/米², 1	1
			PD20110226	30%	2.5～3.5 克/米², 1	10
			PD20083655	30%	2.5～3.5 毫升/米², 3	/
		精甲·噁霉灵（1）	PD20211995	0.60%	4 000～5 000 克/亩, 1	/
		井冈霉素（7）	PD20100461	2.40%	4～6 毫升/米², /	/
			PD20093760	5%	2～3 毫升/米², /	/
			PD20130887	13%	0.8～1 毫升/米², /	/
			PD20150331	24%	0.4～0.6 毫升/米², 3	14
			PD85131	/	3～5 毫升/米²（3%）；2～3 毫升/米²（5%）, /	/
		井冈霉素 A（1）	PD20090156	8%	1.2～1.8 毫升/米², /	/
		异菌脲（13）	PD20085445	50%	2～4 克/米², 1	10
			PD20080210	50%	2～4 克/米², 3	/
			PD20085543	50%	2～4 克/米², 3	7
棉铃虫	杀虫剂	氯虫苯甲酰胺（1）	PD20110172	5%	30～60, 2	5
		溴氰虫酰胺（1）	PD20151140	10%	10～30, 3	3
苗期猝倒病	杀菌剂	精甲·嘧菌酯（2）	PD20231217	0.80%	3～5 克/米², 1	/
苗期根腐病	杀菌剂	多·福（1）	PD20142331	40%	11～13 克/米², /	/
苗期立枯病	杀菌剂	吡唑醚菌酯（3）	PD20211155	0.03%	45～60 克/米², 1	/
			PD20211410	0.10%	35～50 克/米², 1	/
青枯病	杀菌剂	多粘类芽孢杆菌（1）	PD20096844	0.1 亿 cfu/克	①300 倍液②0.3 克/米² ③1 050～1 400 克/亩, /	/

防治对象	农药类别	农药名称及登记数量	部分登记证号	总含量	施用剂量[毫升（克）/亩]，每季最大使用次数（次）	安全间隔期（天）
炭疽病	杀菌剂	百菌清（2）	PD345-2000	40%	100～140，/	/
			PD20082729	75%	150～180，3	7
		百菌清·多抗霉素（1）	PD20200467	63%	80～100，3	5
		苯甲·吡唑酯（2）	PD20182365	25%	1 000～2 000倍液，/	7
			PD20184132	30%	20～25，3	7
		苯甲·醚菌酯（1）	PD20140247	30%	25～30，3	7
		苯甲·嘧菌酯（4）	PD20140363	30%	20～32，3	7
			PD20110357	325克/升	20～50，3	7
		苯醚甲环唑（4）	PD20172398	10%	50～83，3	3
			PD20152176	10%	65～80，2	7
		吡唑醚菌酯（1）	PD20172697	250克/升	30～40，3	10
		丙环·咪鲜胺（1）	PD20094930	490克/升	30～40，2	7
		波尔多液（3）	PD20220133	80%	300～500倍液，3	7
			PD20173021	86%	375～625倍液，3	7
		春雷·多菌灵（1）	PD20120773	50%	75～94，2	14
		代森锰锌（15）	PD20096636	50%	240～336，/	14
			PD20070496	70%	171～240，3	15
			PD20095880	75%	160～224，3	5
			PD20092590	80%	150～210，3	14
			PD20081295	80%	130～210，3	7
		啶氧菌酯（3）	PD20182239	22.50%	28～33，3	5
			PD20121668	22.50%	25～30，3	7
		噁霉·乙蒜素（1）	PD20150302	20%	60～75，3	3
		二氰·吡唑酯（3）	PD20181722	16%	45～90，3	5
			PD20210461	40%	30～50，3	7
		二氰蒽醌（4）	PD20096835	22.70%	63～83，3	7

续表

防治对象	农药类别	农药名称及登记数量	部分登记证号	总含量	施用剂量 ［毫升（克）/亩］， 每季最大使用次数（次）	安全间隔期（天）
炭疽病	杀菌剂	二氰蒽醌（4）	PD20180573	40%	34.5～39.4，3	7
			PD20150432	66%	20～30，3	5
		氟啶·嘧菌酯（1）	PD20182620	40%	50～60，3	14
		氟啶胺（3）	PD20080180	500 克/升	25～35，3	7
		氟菌·肟菌酯（2）	PD20172803	43%	20～30，2	5
		福·甲·硫磺（12）	PD20086016	50%	42～84，1～2	10
			PD20092772	50%	120～150，2	10
			PD20086182	50%	42～84，2	10
			PD20094535	70%	50～90，2	10
			PD20092643	70%	70～90，2	7
		琥胶肥酸铜（1）	PD20097367	30%	65～93，2	7
		甲硫·福美双（1）	PD20085879	40%	80～100，2	10
		甲硫·锰锌（1）	PD20091938	20%	80～160，2	21
		克菌丹（1）	PD20080466	50%	125～187.5，/	2
		苦参·蛇床素（1）	PD20150189	1.50%	30～35，/	/
		喹啉·噻灵（1）	PD20212668	48%	30～40，3	10
		锰锌·拌种灵（1）	PD20092251	20%	100～150，3	15
		咪鲜胺（3）	PD20080009	25%	58～100，2	12
			PD20140030	45%	15～30，2	7
		咪鲜胺锰盐（1）	PD20070614	50%	37～74，2	7
		嘧菌·百菌清（2）	PD20102063	560 克/升	80～120，3	5
		嘧菌酯（2）	PD20060033	250 克/升	32～48，3	5
		三氯异氰尿酸（2）	PD20095210	42%	83～125，3	3
			PD20101103	42%	60～80，3	5

续表

防治对象	农药类别	农药名称及登记数量	部分登记证号	总含量	施用剂量[毫升（克）/亩]，每季最大使用次数（次）	安全间隔期（天）
炭疽病	杀菌剂	肟菌·戊唑醇（2）	PD20160189	75%	10～15，3	5
		肟菌酯（1）	PD20161185	30%	25～37.5，3	7
		戊唑·嘧菌酯（1）	PD20141943	75%	10～15，3	5
		唑醚·氟酰胺（2）	PD20170738	42.40%	20～26.7，3	3
		唑醚·咪鲜胺（1）	PD20220163	45%	15～20，2	10
		唑醚·戊唑醇（3）	PD20182741	30%	60～70，3	5
甜菜夜蛾	杀菌剂	二氰·吡唑酯（1）	PD20180293	20%	20～30，/	/
	杀虫剂	甲氨基阿维菌素苯甲酸盐（1）	PD20210525	8%	3～4，2	5
		苦皮藤素（1）	PD20183253	1%	90～120，/	10
		氯虫苯甲酰胺（1）	PD20110172	5%	30～60，2	5
		甜菜夜蛾核型多角体病毒（3）	PD20130186	300亿PIB/克	2～5，/	/
			PD20130162	30亿PIB/毫升	20～30，/	/
			PD20211558	5亿PIB/毫升	140～180，/	/
		溴虫氟苯双酰胺（1）	PD20200660	100克/升	10～16，2	5
		溴氰虫酰胺（1）	PD20190179	19%	2.4～2.9毫升/米^2，1	/
调节生长	植物生长调节剂	14-羟基芸苔素甾醇（1）	PD20183454	0.04%	6 500～13 000倍液，/	/
		24-表芸·吲哚丁（1）	PD20230577	1%	1 500～2 500倍液，/	/
		24-表芸苔素内酯（2）	PD20183439	0.04%	7 000～10 000倍液，3	/
			PD20210024	0.01%	2 000～4 000倍液，/	/

续表

防治对象	农药类别	农药名称及登记数量	部分登记证号	总含量	施用剂量［毫升（克）/亩］，每季最大使用次数（次）	安全间隔期（天）
调节生长	植物生长调节剂	苄氨·赤霉酸（2）	PD20183961	4%	2 000～3 000 倍液，/	/
			PD20211478	4%	2 000～4 000 倍液，/	/
		苄氨基嘌呤（1）	PD20120527	2%	750～1 500 倍液，/	/
		丙酰芸苔素内酯（1）	PD20110004	0.003%	2 000～3 000 倍液，/	/
		超敏蛋白（1）	PD20070120	3%	500～1 000 倍液，/	/
		赤霉酸·28-高芸苔素内酯（1）	PD20212071	0.40%	1 000～3 000 倍液，2	/
		二氢卟吩（1）	PD20190031	0.02%	5 000～10 000 倍液，/	/
		氯化胆碱·吲哚丁酸（1）	PD20220262	2%	150～200 倍液，3	/
		噻苯隆（1）	PD20173025	0.20%	15～25，/	/
		吲哚丁酸（1）	PD20150152	1.20%	1 200～2 000 倍液，/	/
		芸苔素内酯（2）	PD20130042	0.01%	1 500～2 000 倍液，4	/
			PD20092619	0.04%	6 667～13 333 倍液，/	/
细菌性叶斑病	杀菌剂	噻唑锌（1）	PD20096932	20%	100～150，3	7
蚜虫	杀虫剂/杀菌剂	苦参碱（1）	PD20132710	1.50%	30～40，1	/
	杀虫剂	氯虫·高氯氟（2）	PD20150301	14%	15～20，2	5
			PD20121230	14%	10～20，2	7
		双丙环虫酯（1）	PD20190012	50 克/升	10～16，2	3
		溴氰虫酰胺（1）	PD20151140	10%	30～40，3	3
烟粉虱	杀虫剂	阿维菌素·双丙环虫酯（1）	PD20190011	75 克/升	45～53，2	5
		氟吡呋喃酮（1）	PD20184006	17%	30～40，2	3
		螺虫·噻虫啉（1）	PD20171840	22%	30～40，2	3

续表

防治对象	农药类别	农药名称及登记数量	部分登记证号	总含量	施用剂量 [毫升（克）/亩]，每季最大使用次数（次）	安全间隔期（天）
烟粉虱	杀虫剂	双丙环虫酯（1）	PD20190012	50克/升	55～65，2	3
		溴氰虫酰胺（2）	PD20151140	10%	40～50，3	3
烟青虫	杀虫剂	高效氯氰菊酯（15）	PD20040092	4.50%	35～50，3	14
			PD20084381	4.50%	35～50，2	7
		甲氨基阿维菌素苯甲酸盐（20）	PD20110549	0.50%	20～40，2	5
			PD20131047	1%	10～23.3，2	5
			PD20130626	2%	5～10，2	5
			PD20121945	3%	3～7，2	5
			PD20120919	5%	2～4，2	5
		氯虫·高氯氟（2）	PD20150301	14%	15～20，2	5
			PD20121230	14%	10～20，2	7
		棉铃虫核型多角体病毒（3）	PD20098195	20亿PIB/毫升	90～120，/	/
			PD20120501	600亿PIB/克	2～4，/	/
		四唑虫酰胺（2）	PD20220191	200克/升	7.5～10，1	7
			PD20200659	200克/升	7.5～10，2	7
		苏云金杆菌（5）	PD86109-27	16 000IU/毫克	50～75，/	/
			PD86109-23	16 000IU/毫克	100～150，/	/
一年生禾本科杂草及部分阔叶杂草	除草剂	仲丁灵（1）	PD20080317	48%	150～250，1	/
一年生杂草	除草剂	氟乐灵（1）	PD20082679	480克/升	100～150，1	/

防治对象	农药类别	农药名称及登记数量	部分登记证号	总含量	施用剂量［毫升（克）/亩］，每季最大使用次数（次）	安全间隔期（天）
疫病	杀菌剂	丙森锌（1）	PD20171637	70%	150～200，3	5
		侧孢短芽孢杆菌 A60（1）	PD20190035	5 亿 CFU/毫升	50～60，3	/
		代森锰锌（14）	PD20096636	50%	240～336，/	14
			PD20040011	70%	120～240，3	15
			PD20095880	75%	160～224，3	5
			PD20070560	80%	150～210，3	15
			PD20070523	80%	/	/
		丁吡吗啉（1）	PD20181611	20%	125～150，2	5
		噁酮·氟噻唑（1）	PD20183620	31%	33～44，3	5
		噁酮·霜脲氰（2）	PD20060008	52.50%	32.5～43，3	3
			PD20141964	52.50%	35～45，3	3
		氟啶·嘧菌酯（2）	PD20180250	34%	25～35，3	7
			PD20182620	40%	50～60，3	14
		氟啶胺（12）	PD20170890	50%	30～35，3	7
			PD20151256	500 克/升	35～40，3	14
			PD20152407	500 克/升	25～34，3	/
			PD20152505	500 克/升	25～33，3	5
			PD20180618	500 克/升	25～35，3	7
		氟菌·霜霉威（1）	PD20120373	687.5 克/升	60～75，3	3
		氟嘧菌酯（1）	PD20220290	480 克/升	20～40，2	5
		氟噻唑·锰锌（1）	PD20211029	60.60%	165～190，3	3
		氟噻唑·双炔酰（1）	PD20220208	280 克/升	35～40，3	10
		氟噻唑吡乙酮（1）	PD20160340	10%	13～20，3	3

续表

防治对象	农药类别	农药名称及登记数量	部分登记证号	总含量	施用剂量［毫升（克）/亩］，每季最大使用次数（次）	安全间隔期（天）
疫病	杀菌剂	氟噻唑吡乙酮·嘧菌酯（1）	PD20220189	170克/升	80～100，2	5
		福·甲·锰锌（1）	PD20085444	40%	83～125，3	7
		甲硫·锰锌（2）	PD20091938	20%	80～160，2	21
			PD20095195	75%	80～120，3	14
		甲霜·霜霉威（1）	PD20091765	25%	0.24～0.4克/株，/	3
		甲霜·霜脲氰（3）	PD20181772	25%	400～600倍液，3	14
			PD20150324	25%	400～600倍液，3	21
		精甲·百菌清（3）	PD20182338	440克/升	75～165，3	3
		精甲霜·锰锌（2）	PD20084803	68%	100～120，4	5
		枯草芽孢杆菌（1）	PD20212723	100亿CFU/毫升	100～200，/	/
		锰锌·氟吗啉（1）	PD20070403	50%	60～100，3	3
		嘧菌酯（3）	PD20160994	50%	20～36，3	7
			PD20060033	250克/升	40～72，3	5
		氢氧化铜（3）	PD20211964	37.50%	36～52，3	/
			PD20172980	77%	15～25，/	/
		申嗪霉素（3）	PD20131515	1%	50～120，3	7
			PD20121152	1%	80～120，3	7
		双炔酰菌胺（2）	PD20102139	23.40%	30～40，3	3
			PD20142151	23.40%	20～40，3	3
		霜霉·精甲霜（1）	PD20212722	51.90%	60～80，3	7
		霜脲·锰锌（2）	PD20081950	72%	100～167，3	4
			PD20081645	72%	95～133，3	15
		烯酰·吡唑酯（1）	PD20093402	18.70%	100～125，3	5

续表

防治对象	农药类别	农药名称及登记数量	部分登记证号	总含量	施用剂量[毫升（克）/亩]，每季最大使用次数（次）	安全间隔期（天）
疫病	杀菌剂	烯酰·代森联（1）	PD20181369	53%	180～200，3	10
		烯酰·氟啶胺（1）	PD20183595	35%	60～70，3	7
		烯酰·唑嘧菌（2）	PD20170168	47%	60～80，/	7
			PD20142264	47%	60～80，2～3	7
		烯酰吗啉（4）	PD20120603	10%	150～300，3	7
			PD20151726	80%	20～25，3	7
		乙铝·锰锌（1）	PD20084865	70%	75～100，3	4
		唑醚·代森联（1）	PD20080506	60%	40～100，/	7
		唑醚·喹啉铜（2）	PD20182755	50%	18～24，3	7
疫霉病	杀菌剂	小檗碱（3）	PD20210452	0.50%	230～280，3	15

表6-4　甜椒登记农药统计表

防治对象	农药类别	农药名称及登记数量	登记证号	总含量	施用剂量[毫升（克）/亩]，每季最大使用次数（次）	安全间隔期（天）
炭疽病	杀菌剂	代森锰锌（9）	PD20092172	80%	150～210，/	14
			PD20060160	70%	171～240，3	15
			PD20096636	50%	240～336，/	14
疫病	杀菌剂	丙森锌（1）	PD20050192	70%	150～200，3	5
		代森锰锌（11）	PD20092172	80%	150～210，/	14
			PD20040029	80%	150～210，3	15
			PD20060160	70%	171～240，3	15
			PD20085900	80%	180～200，3	14
			PD20096636	50%	240～336，3	14
		霜霉威盐酸盐（9）	PD20100764	66.5%	70～107，3	3
			PD20093028	66.5%	70～110，3	3

续表

防治对象	农药类别	农药名称及登记数量	登记证号	总含量	施用剂量[毫升（克）/亩]，每季最大使用次数（次）	安全间隔期（天）
疫病	杀菌剂	霜霉威盐酸盐（9）	PD20070009	722克/升	72～107，/	3
			PD225-97	722克/升	72～107，3	4
			PD20120362	722克/升	72～107，3	4
			PD20095695	66.50%	78～117，3	3
			PD20160307	75%	80～100，3	7
			PD20152421	66.50%	90～120，3	14
			PD20097522	66.50%	90～125，3	3
		氧化亚铜（1）	PD20110520	86.20%	139～186，4	10

第三节　风险防控技术

一、主要虫害及其防治

目前已报道的辣椒、甜椒上的虫害有烟青虫、甜菜夜蛾、烟粉虱、蓟马、蚜虫、茶黄螨、棉铃虫等。本节着重介绍烟青虫、甜菜夜蛾和蚜虫。

（一）烟青虫

1. 发生规律与危害特点

烟青虫主要以幼虫蛀入辣椒果实危害，会在果实表面留下明显的侵入孔。幼虫常常蛀食辣椒的果皮、胎座，并可以在果内缀丝，导致果实不能食用，失去商品价值。烟青虫还可以危害辣椒的嫩茎、叶片、嫩芽以及花蕾，当花蕾受害后，可以引起落蕾、落花；果实受害时，症状十分明显，会出现腐烂、大量落果的现象。

2. 防治措施

农业防治。合理栽培，减少虫源。在露地冬耕冬灌的时候，将土中的蛹杀死；合理轮作，实行菜、稻轮作制度。

物理防治。诱杀成虫，降低虫量。取0.6米长的带叶杨树枝条，每10根一小把绑在一根木棍上，随后可以插在田间，每亩地插入10～15把，间隔5～10

天更换 1 次。在每天早晨露水未干的时候，及时用塑料袋套捕杀成虫。

化学防治。可选用高效氯氰菊酯、甲氨基阿维菌素苯甲酸盐、氯虫·高氯氟、棉铃虫核型多角体病毒、苏云金杆菌进行防治。

（二）甜菜夜蛾

1. 发生规律与危害特点

甜菜夜蛾，会取食辣椒的叶片、嫩茎秆、花，但以危害叶片为主。甜菜夜蛾在低龄幼虫阶段会在叶片下方取食，会把表皮下部的叶肉吃光，只留下透明状的表皮。随着幼虫的生长发育，这种害虫会在辣椒叶片咬出孔洞或者缺刻，随着虫龄的进一步增加，老熟幼虫会把整片叶吃光，仅留下较粗的叶脉。在甜菜夜蛾高峰期，辣椒植株的被害率在 40%～70%，虫害严重的会使辣椒减产 50% 以上。

2. 防治措施

农业防治。晚秋或初冬翻耕土壤，破坏蛹室环境，消灭越冬的蛹。春季 3—4 月清除田间杂草，消灭杂草上的初龄幼虫，减少虫源。若发现田间植株带虫卵的叶片，要及时摘除并带出销毁。

物理防治。利用甜菜夜蛾的趋光性，用黑光灯或频振式杀虫灯诱杀成虫，或利用成虫的趋化性用糖醋液，胡萝卜、甘薯、豆饼等发酵液加少量的杀虫剂或性诱剂诱杀成虫。

化学防治。可选用甲氨基阿维菌素苯甲酸盐、苦皮藤素、氯虫苯甲酰胺、甜菜夜蛾核型多角体病毒、溴虫氟苯双酰胺、溴氰虫酰胺进行防治。

（三）蚜虫

1. 发生规律与危害特点

蚜虫是春季辣椒的主要害虫，难防治，易传播其他病害，如病毒病。在春季要重视蚜虫的防治，才能减少病毒病的发生，确保辣椒高产优质。危害辣椒的蚜虫主要是桃蚜和瓜蚜。蚜虫喜欢群居在叶背、花梗或嫩茎上，吸食植物汁液，分泌蜜露。被害叶片变黄，叶面皱缩卷曲。嫩茎、花梗被害呈弯曲畸形，影响开花结实，使植株生长受到抑制，甚至枯萎死亡。

2. 防治措施

农业防治。在辣椒定植前，清除田园及其附近的杂草，减少蚜源。

物理防治。用银灰色薄膜覆盖栽培可达到驱避蚜虫的目的。在棚室内或辣椒栽培田的行间，设黄色或橙色的诱蚜板，利用桃蚜对黄色和橙色的强烈趋性，诱杀蚜虫。

化学防治。可选用苦参碱、氯虫·高氯氟、双丙环虫酯、溴氰虫酰胺等进行防治。

二、主要病害及其防治

目前已报道的辣椒上的病害有炭疽病、疫病、立枯病、菌核病、白粉病、枯萎病、细菌性叶斑病、软腐病、疮痂病、青枯病、病毒病等。本节仅对炭疽病、疫病、立枯病、软腐病、疮痂病和青枯病加以着重介绍。

（一）炭疽病

1. 发生规律与危害特点

病原半知菌亚门真菌。危害叶片和成熟果实。果实染病初为水渍状黄褐色长圆斑，边缘褐色，中央灰褐色，病斑上有隆起的同心轮纹，往往由许多小点集成，小点有时为黑色，有时呈橙色，潮湿时，病斑表面溢出红色黏稠物，被害果内部组织半软腐，易干缩，致病部呈膜状，有时破裂。叶片染病，初为褪绿色水浸状斑点，后扩大为近圆形或不规则形病斑，边缘深褐色，中间灰白色，其上轮生小黑点，果梗被害，生褐色不规则凹陷斑，往往干燥开裂。

2. 防治措施

农业防治。选择抗病品种栽种，新品种需经试种再行大面积推广。实行轮作，与瓜豆类蔬菜轮作 2～3 年；加强田间管理，避免栽植过密，雨季注意开好排水沟。

化学防治。可选用百菌清、苯甲·吡唑酯、苯醚甲环唑、吡唑醚菌酯、丙环·咪鲜胺、波尔多液、代森锰锌、啶氧菌酯、噁霉·乙蒜素、二氰蒽醌、氟啶胺、福·甲·硫磺、甲硫·锰锌、苦参·蛇床素、咪鲜胺、嘧菌·百菌清、肟菌·戊唑醇、唑醚·氟酰胺、唑醚·咪鲜胺等进行防治。

（二）疫病

1. 发生规律与危害特点

病原为鞭毛菌亚门疫霉属。幼苗至成株均可发病。幼苗期发病，多从茎基部开始染病，病部出现水渍状软腐，病斑暗绿色，病部以上倒伏。成株期染病，多在茎基部和枝杈处发病，最初产生水浸状暗绿色病斑，后扩展成长条形黑褐色斑，绕茎一周后病斑处的皮层腐烂，缢缩，与周围健康组织分界明显，条斑以上枝叶枯萎。根系被侵染后变褐色，皮层腐烂，导致植株青枯死亡，潮湿时斑上出现白色霉层。果实染病，病斑呈水渍状暗绿色软腐状，稍凹陷，雨后或湿度大时病果表面或果实内部均可产生稀疏的白色霉状物，易脱落；若天气干燥时病果干缩，多挂在枝梢上，不脱落。

2. 防治措施

农业防治。清洁田园，合理轮作，尽量与葱、蒜等非寄生作物轮作。选用抗耐病的品种。

化学防治。选用丙森锌、侧孢短芽孢杆菌 A60、代森锰锌、丁吡吗啉、噁酮·氟噻唑、氟啶·嘧菌酯、氟菌·霜霉威、氟嘧菌酯、氟噻唑·锰锌、氟噻唑·双炔酰、氟噻唑吡乙酮、福·甲·锰锌、甲霜·霜霉威、枯草芽孢杆菌、嘧菌酯、双炔酰菌胺、霜脲·锰锌、烯酰·唑嘧菌、烯酰吗啉、乙铝·锰锌、唑醚·代森联等进行防治。

（三）立枯病

1. 发生规律与危害特点

辣椒立枯病俗称死苗、霉根，是由立枯丝核菌侵染所引起的、发生在辣椒上的病害。多发生于育苗的中后期，严重时可成片死苗。

2. 防治措施

农业防治。精选苗床：选择地势高、排水良好的地做苗床，选用经消毒无病的营养土做床底。播前1次浇足底水，以减少出苗后的浇水量。苗后浇水时一定要选择晴天，小水勤浇。遇苗床湿度过大，可撒一层干细土吸湿。培育壮苗，提高抗病力：注意苗床通风换气，合理控制温湿度，是培育壮苗的关键，发现病苗及时拔除，定期适时用药防护。

化学防治。种子包衣防病：干种子用咯菌腈悬浮种衣剂（适乐时）包衣，包衣后晾干播种。药剂防治：可选用吡唑醚菌酯、吡唑醚菌酯·咯菌腈、丙环·嘧菌酯、噁霉灵、精甲·噁霉灵等防治。

（四）软腐病

1. 发生规律与危害特点

主要危害果实，病果初产生水浸状暗绿色斑，后变褐软腐，具恶臭味，内部果肉腐烂，果皮变白，整个果实失水后干缩，挂在枝蔓上，稍遇外力即脱落。

2. 防治措施

农业防治。与非茄科及十字花科蔬菜进行2年以上轮作。及时清洁田园，尤其要把病果清除田外集中烧毁，减少病原。合理密植，雨季注意田间排水。及时喷洒杀虫剂防治烟青虫等蛀果害虫，并尽量减少人为、机械损伤。

化学防治。可选用阿维菌素和菊酯类农药防治。

（五）疮痂病

1. 发生规律与危害特点

辣椒疮痂病在苗期和成株期均可发生，主要危害叶片、茎蔓、果实，果柄处也可受害。幼苗发病，其子叶先出现银白色小斑点，后逐渐变为淡黑色凹陷病斑；成株期叶片受害，初呈水渍状黄绿色斑点，后病斑扩大变成圆形或不规则形，边缘暗褐色、稍隆起，中部颜色淡、凹陷，表面粗糙像疮痂。病斑发生在叶脉上，常使叶片畸形，在茎及叶柄上，初呈水渍状不规则条斑，后木栓化隆起，纵裂呈疮痂状。

2. 防治措施

农业防治。采用无病种子：从无病株或无病果上选留种子。有计划地轮作：发病地块需与非茄科作物进行间隔3年的轮作换茬，并注意配合深耕减少病株体的残存。

化学防治。种子处理：播前温水浸种后用冷水冷却，再催芽播种。可选用锰锌·拌种灵、氢氧化铜等防治。

（六）青枯病

1. 发生规律与危害特点

一般在成株开花期表现症状。发病初期自顶部叶片开始萎垂，或个别分枝上的少数叶片萎蔫，后扩展至全株萎蔫，初时白天萎蔫，早晚可恢复正常，后期不再恢复而枯死，叶片不易脱落。发展快时，2～3 天内全株叶片萎蔫，但不变色。病茎外表症状不明显，在潮湿条件下，病茎上常出现水浸状条斑，后变褐色或黑褐色，纵切病茎，维管束变成褐色，横切病茎，切面呈淡褐色，后期病株茎内中空，茎基部皮层不易剥离，根系不腐烂。

2. 防治措施

农业防治。选用抗、耐病品种。与十字花科和禾本科作物进行 4 年以上轮作。土壤处理：施用草木灰或石灰等碱性肥料，使土壤呈微碱性，抑制青枯菌的繁殖和发展。

化学防治。可选用多粘类芽孢杆菌等进行防治。

第七章　　　黄　瓜

第一节　农药残留风险物质

黄瓜属于葫芦科黄瓜属，其果实清香脆嫩、营养丰富，种植产量高、效益好，在我国栽培历史悠久，播种面积和总产量一直居世界首位。近年来，黄瓜霜霉病、枯萎病、白粉病、细菌性角斑病和病毒病等病害的发生呈逐渐加重的趋势，严重降低了黄瓜的种植效益。

针对北京市蔬菜生产基地种植的黄瓜农药使用情况进行统计，发现共有 28 种农药有效成分，分别是腐霉利、多菌灵、吡虫啉、虫螨腈、霜霉威、甲霜灵、异丙威、噻虫胺、异菌脲、啶酰菌胺、吡唑醚菌酯、灭蝇胺、烯酰吗啉、苯醚甲环唑、联苯菊酯、嘧霉胺、啶虫脒、噻虫嗪、多效唑、戊唑醇、辛硫磷、氯氰菊酯、咪鲜胺、氯吡脲、茚虫威、氟吡菌酰胺、高效氯氟氰菊酯、虱螨脲。无禁限用农药，均为常规农药。

使用率较高的农药有效成分为霜霉威、吡虫啉、啶虫脒、噻虫嗪、腐霉利、啶酰菌胺、多菌灵、吡唑醚菌酯和烯酰吗啉。

灭蝇胺和氯氰菊酯 2 种农药在黄瓜上使用后存在超过限量值的风险（表 7-1），种植者使用这两种农药时需要严格遵照农药说明书中的施用剂量、施用次数和安全间隔期规范使用。执法部门和监管机构可将其列为重点监管的农药残留参数，提高监管的精准性，节约人力物力。

表 7-1　黄瓜农药残留风险清单

残留农药有效成分	是否登记	最大残留限量 mg/kg
灭蝇胺	是	1
氯氰菊酯	是	0.2

第二节　登记农药情况

查询中国农药信息网（http：//www.chinapesticide.org.cn/），截至 2024 年 3

月 7 日，我国在黄瓜上登记使用的农药产品共计 2 943 个，包括单剂 1 807 个、混剂 1 136 个；共有农药有效成分 438 种（复配视为 1 种有效成分），其中杀虫剂 67 种、杀菌剂 341 种、杀螨剂 3 种、杀虫剂 / 杀菌剂 5 种、植物生长调节剂 20 种、植物诱抗剂 2 种。用于防治白粉虱、烟粉虱、美洲斑潜蝇、瓜绢螟、斜纹夜蛾、根结线虫、蓟马、蛴螬、红蜘蛛、蚜虫、疫病、细菌性角斑病、靶斑病、炭疽病、白粉病、灰霉病、枯萎病、立枯病、蔓枯病、猝倒病、黑星病、病毒病、根腐病等 23 种病虫害和调节生长、促进生根。详见表 7-2。

表 7-2　黄瓜登记农药统计

防控对象	农药类别	农药名称及登记数量	部分登记证号	总含量	施用剂量〔毫升（克）/亩〕，每季最大使用次数（次）	安全间隔期（天）
白粉虱	杀虫剂	吡虫啉（2）	PD20040464	10%	10～20，2	7
		哒螨·异丙威（3）	PD20212395	20%	160～240，1	3
		敌敌畏	PD20094998	15%	390～450，3	7
		啶虫脒（7）	PD20102099	40%	3～5，3	4
		耳霉菌（1）	PD20170900	200 万 CFU/毫升	150～230，/	/
		呋虫胺（3）	PD20210221	1%	1 500～2 000，1	3
		呋虫胺·氟啶虫酰胺（1）	PD20211574	30%	20～30，1	3
		苦皮藤提取物（1）	PD20211835	0.50%	350～400，1	/
		藜芦根茎提取物（1）	PD20130485	0.50%	70～80，/	/
		联苯菊酯（1）	PD20131185	4.50%	20～35，3	4
		噻虫嗪（3）	PD20060003	25%	10～12.5，4	5
		杀螟丹（1）	PD20084631	50%	100～120，1	3
		溴氰虫酰胺（1）	PD20140322	10%	43～57，3	3
		异丙威（1）	PD20096480	20%	200～300，2	5
烟粉虱	杀虫剂	阿维菌素·双丙环虫酯（1）	PD20190011	75 克/升	36～53，2	3
		吡蚜·螺虫酯（3）	PD20211731	30%	20～30，1	3
		丁醚脲·溴氰虫酰胺（1）	PD20200931	480 克/升	30～60，2	3
		氟啶虫胺腈（1）	PD20160336	22%	15～23，2	3

续表

防控对象	农药类别	农药名称及登记数量	部分登记证号	总含量	施用剂量［毫升（克）/亩］，每季最大使用次数（次）	安全间隔期（天）
烟粉虱	杀虫剂	螺虫·噻虫啉（1）	PD20171840	22%	30～40, 2	3
		溴氰虫酰胺（3）	PD20140322	10%	33.3～40, 3	3
美洲斑潜蝇	杀虫剂	阿维菌素（15）	PD20090126	3%	24～48, 3	7
		阿维·敌敌畏（10）	PD20093015	40%	60～75, 2	7
		阿维·啶虫脒（2）	PD20096524	1.80%	30～60, 3	2
		阿维·高氯（27）	PD20085918	1%	40～60, 2	3
		阿维·灭蝇胺（4）	PD20130764	11%	45～70, 2	3
		呋虫胺·灭蝇胺（2）	PD20200601	30%	30～40, 1	3
		高氯·杀虫单（1）	PD20101180	16%	50～75, 2	7
		灭蝇胺（45）	PD20170350	70%	17～21, 2	3
		噻虫·灭蝇胺（1）	PD20183202	60%	20～26, 2	5
		噻虫胺（2）	PD20212355	1%	2 800～3 500, 1	/
		溴氰虫酰胺（2）	PD20140322	10%	14～18, 3	3
		乙基多杀菌素（1）	PD20181527	25%	11～14, 1	1
	杀菌剂	嘧霉胺（2）	PD20160863	80%	30～50, 2	3
		枯草芽孢杆菌（1）	PD20170599	100亿CFU/克	55～110, 2	3
瓜绢螟	杀虫剂	溴虫氟苯双酰胺（1）	PD20200660	100克/升	9～12, 2	1
		溴氰虫酰胺（1）	PD20190179	19%	2.6～3.3毫升/米^2, 1	/
斜纹夜蛾	杀虫剂	虫螨腈（2）	PD20170025	240克/升	40～50, 2	2
根结线虫	杀虫剂	阿维菌素（68）	PD20111108	0.50%	3 000～3 500, 1	50
		阿维菌素·氟吡菌酰胺（4）	PD20240127	60%	60～80, 1	/
		阿维菌素·噻唑膦（1）	PD20200297	10%	437.5～500, /	/
		氟吡菌酰胺（1）	PD20230210	400克/升	0.02～0.04毫升/株, /	/
		寡糖·噻唑膦（7）	PD20212302	6%	1 000～2 000, 1	21

续表

防控对象	农药类别	农药名称及登记数量	部分登记证号	总含量	施用剂量〔毫升（克）/亩〕，每季最大使用次数（次）	安全间隔期（天）
根结线虫	杀虫剂	几糖·噻唑膦（1）	PD20170130	15%	1 000～1 500，1	/
		苦参碱（1）	PD20170851	0.30%	1 250～1 500，1	/
		硫酰氟（1）	PD20110859	99%	50～70克/米², 1	/
		二嗪·噻唑膦（2）	PD20211693	5.20%	5 000～6 000，1	/
		阿维·噻唑膦（33）	PD20170097	10.50%	1 500～2 500，1	50
		阿维·异菌脲（1）	PD20170250	2%	3.75～4.375千克/亩，1	/
		吡唑醚菌酯（1）	PD20170515	50%	1 500～2 000	
		氟烯线砜（1）	PD20190007	40%	500～600，1	/
		氰氨化钙（1）	PD20110256	50%	48～64千克/亩，/	/
		氰霜·嘧菌酯（1）	PD20182196	24%	583～667，1	20
		氰霜唑（1）	PD20161579	20%	750～1 000，1	/
		噻唑膦（80）	PD20183511	20%	750～1 000，1	21
		氨基寡糖素（7）	PD20151926	2%	150～200，2	
		威百亩（5）	PD20101411	42%	3 300～5 000，1	21
蓟马	杀虫剂	啶虫脒（1）	PD20142646	20%	7.5～10，3	2
		多杀霉素·杀虫环（1）	PD20212900	33%	15～20，1	3
		呋虫胺（2）	PD20183524	40%	15～20，2	3
		氟啶·吡蚜酮（2）	PD20190208	40%	12.5～20，2	3
		甲维·吡丙醚（1）	PD20180224	20%	20～30，2	3
		溴虫氟苯双酰胺（1）	PD20200660	100克/升	13～16，2	1
		溴氰虫酰胺（2）	PD20140322	10%	33.3～40，3	3
蛴螬	杀虫剂	二嗪·噻唑膦（1）	PD20211693	5.20%	5 000～6 000，1	/
		联苯·吡虫啉（1）	PD20183210	4%	750～1 000，1	/
红蜘蛛	杀虫剂	联苯·哒螨灵（1）	PD20210539	10%	80～100，1	3
蚜虫	杀虫剂	阿维·啶虫脒（8）	PD20093766	4%	10～20，3	3
		阿维·氟啶（2）	PD20230666	24%	6～8，3	3

续表

防控对象	农药类别	农药名称及登记数量	部分登记证号	总含量	施用剂量〔毫升（克）/亩〕，每季最大使用次数（次）	安全间隔期（天）
蚜虫	杀虫剂	阿维菌素·双丙环虫酯（1）	PD20190011	75克/升	9～13，2	3
		吡虫啉（3）	PD20120416	5%	1～1.5 片/株，1	/
		吡蚜酮（1）	PD20140202	50%	10～15，2	3
		哒螨·异丙威（1）	PD20093491	12%	200～300，2	7
		敌敌畏（5）	PD20096272	30%	300，2	3
		啶虫脒（169）	PD20094427	3%	40～50，3	4
		啶虫脒·氟啶虫酰胺（1）	PD20210556	35%	6～10，1	3
		氟虫酰·高氯氟（1）	PD20240022	15%	12～18，1	3
		氟啶·啶虫脒（6）	PD20211332	18%	9～13，1	3
		氟啶·噻虫嗪（8）	PD20200480	75%	5～6，1	3
		氟啶虫胺腈（1）	PD20160336	22%	7.5～12.5，2	3
		氟啶虫酰胺（12）	PD20211793	50%	6～10，1	3
		氟啶虫酰胺·联苯菊酯（1）	PD20211515	10%	20～30，1	3
		氟啶虫酰胺·噻虫啉（1）	PD20211716	30%	20～30，1	3
		高氯·矿物油（3）	PD20097589	26%	50～70，2	3
		高效氯氟氰菊酯（2）	PD20130232	10%	4～6，2	7
		高效氯氰菊酯（2）	PD20161569	2%	225～270，2	3
		螺虫·噻虫嗪（1）	PD20210854	25%	10～20，1	3
		氯氟·吡虫啉（1）	PD20180070	30%	4～6，/	
		氯氰·矿物油（1）	PD20102104	33%	40～60，2	3
		噻虫啉（8）	PD20160865	40%	7～14，2	3
		双丙环虫酯（1）	PD20190012	50克/升	10～16，2	3
		顺式氯氰菊酯（2）	PD20093109	3%	40～50，2	3
		烯酰吗啉（1）	PD20120943	50%	5～6，1	3

续表

防控对象	农药类别	农药名称及登记数量	部分登记证号	总含量	施用剂量[毫升（克）/亩]，每季最大使用次数（次）	安全间隔期（天）
蚜虫	杀虫剂	溴氰虫酰胺（1）	PD20140322	10%	18～40，3	3
		异丙威（19）	PD20095550	10%	4 500～6 000 克/公顷，2	5
		金龟子绿僵菌CQMa421（1）	PD20171744	80 亿个孢子/毫升	40～60，/	/
		苦参提取物（2）	PD20212375	1%	45～60，/	/
	杀菌剂	福美双（1）	PD20080388	50%	24～30，3	4
疫病	杀虫剂	氟吡菌酰胺（1）	PD20121664	41.70%	5～8 毫升/米², 3	3
	杀菌剂	霜霉威盐酸盐（4）	PD20086262	66.50%	5.4～8.1 毫升/米², 3	3
		烯酰·吡唑酯（1）	PD20093402	18.70%	75～125，3	3
		烯酰吗啉（1）	PD20121050	50%	30～40，3	2
		唑醚·代森联（1）	PD20080506	60%	60～100，4	2
细菌性角斑病	杀菌剂	氨基寡糖素·喹啉铜（2）	PD20211906	35%	50～70，3	3
		氨基寡糖素·辛菌胺（1）	PD20210443	3.20%	90～120，2	3
		丙硫唑·春雷霉素（1）	PD20230387	12%	30～35，3	3
		波尔多液（1）	PD20230085	223 克/升	170～200，/	/
		春雷·寡糖素（3）	PD20211954	10%	30～35，3	3
		春雷·喹啉铜（11）	PD20184159	33%	40～50，3	3
		春雷·壬菌铜（1）	PD20181442	30%	90～110，3	3
		春雷·噻霉酮（1）	PD20180391	8%	45～50，3	3
		春雷·噻唑锌（1）	PD20152654	40%	40～60，3	3
		春雷·王铜（1）	PD20180627	50%	60～80，3	3
		春雷·溴菌腈（2）	PD20181250	27%	80～100，3	5
		春雷·中生（4）	PD20210038	13%	25～30，3	3
		春雷霉素（14）	PD20181714	20%	15～20，3	3

防控对象	农药类别	农药名称及登记数量	部分登记证号	总含量	施用剂量［毫升（克）/亩］，每季最大使用次数（次）	安全间隔期（天）
细菌性角斑病	杀菌剂	春雷霉素·噻菌铜（1）	PD20212888	20%	45～75，2	3
		春雷霉素·四霉素（1）	PD20200212	2%	67～100，3	3
		春雷霉素·松脂酸铜（1）	PD20211941	18%	100～120，3	3
		琥·铝·甲霜灵（2）	PD20096175	40%	77～100，2	7
		琥胶肥酸铜（11）	PD20121734	30%	200～233，2	7
		琥铜·霜脲氰（1）	PD20097730	50%	500～700倍液，2	7
		琥铜·甲霜灵（1）	PD20097360	50%	/，3	3
		琥铜·乙膦铝（4）	PD20097369	48%	125～389，3	4
		甲硫·噻唑锌（1）	PD20184279	40%	120～180，2	5
		精甲·王铜（1）	PD20140444	45%	100～125，2	3
		喹啉铜（6）	PD20160823	33.50%	45～60，3	3
		喹啉铜·四霉素（1）	PD20200208	35%	32～36，3	3
		硫酸铜钙（3）	PD20200737	77%	120～175，3	/
		氢氧化铜（6）	PD20095254	77%	/，3	3
		噻霉酮（3）	PD20100161	3%	73～88，3	3
		噻唑锌（3）	PD20096932	20%	100～150，3	5
		噻菌铜（1）	PD20086024	20%	83.3～166.6，3	3
		四霉素	PD20160345	0.30%	50～65，2	1
		松脂酸铜	PD20183579	12%	175～233，3	1
		王铜（6）	PD20212010	84%	119～179，3	/
		氢铜·王铜（17）	PD20183593	34%	53～67，2	3
		王铜·代森锌（2）	PD20141175	52%	200～300，2	3
		小檗碱盐酸盐（4）	PD20220115	10%	125～150，/	/
		辛菌·四霉素（1）	PD20183056	2%	40～60，2	1
		溴硝醇（1）	PD20210438	25%	30～40，3	3

续表

防控对象	农药类别	农药名称及登记数量	部分登记证号	总含量	施用剂量[毫升(克)/亩],每季最大使用次数(次)	安全间隔期(天)
细菌性角斑病	杀菌剂	中生·丙森锌(1)	PD20184185	41%	80～100, 3	5
		中生·四霉素(1)	PD20184239	2%	40～60, 2	2
		中生菌素(13)	PD20182317	3%	95～110, 3	3
		大蒜提取物(2)	PD20231213	8%	25～50, /	/
		多粘类芽孢杆菌(3)	PD20184026	5亿CFU/克	160～200, /	/
		甲基营养型芽孢杆菌 LW-6(1)	PD20181621	80亿个芽孢/克	80～120, 3	7
		解淀粉芽孢杆菌(3)	PD20211364	10亿CFU/克	350～500, /	/
		枯草芽孢杆菌(1)	PD20151514	1亿个活芽孢子/克	50～150, /	/
		补骨脂种子提取物(1)	PD20190020	0.20%	40～80, /	/
		香芹酚(1)	PD20171458	5%	80～100, /	/
靶斑病	杀菌剂	苯甲·氟酰胺(1)	PD20172779	12%	53～67, 2	3
		苯甲·咪鲜胺(1)	PD20170189	35%	60～90, 2	3
		苯甲·嘧菌酯(1)	PD20151053	30%	40～80, 3	3
		吡唑酯·氟吡酰(1)	PD20220409	30%	17～23, 2	2
		氟吡菌酰胺·喹啉铜(1)	PD20212890	35%	50～70, 2	3
		氟菌·肟菌酯(2)	PD20172803	43%	15～25, 2	3
		氟菌·戊唑醇(1)	PD20172927	35%	20～25, 2	3
		氟醚菌酰胺(1)	PD20220280	5%	90～120, 2	3
		氟酰羟·苯甲唑(2)	PD20220033	200克/升	30～50, 3	3
		氯氟醚·吡唑酯(2)	PD20220035	400克/升	25～40, 3	3
		氯氟醚菌唑(2)	PD20220030	400克/升	15～25, 3	1
		肟菌·喹啉铜(1)	PD20211442	36%	40～60, 2	3

续表

防控对象	农药类别	农药名称及登记数量	部分登记证号	总含量	施用剂量 ［毫升（克）/亩］， 每季最大使用次数（次）	安全间隔期（天）
靶斑病	杀菌剂	肟菌酯·四霉素（1）	PD20210969	12%	22～28，2	3
		唑醚·丙森锌（1）	PD20183072	70%	50～60，3	3
		荧光假单胞杆菌（1）	PD20152199	1000 亿个活孢子/克	70～80，/	/
炭疽病	杀菌剂	苯甲·嘧菌酯（1）	PD20152131	325 克/升	30～50，3	3
		苯醚·甲硫（1）	PD20172635	34%	75～100，3	3
		苯醚·咪鲜胺（2）	PD20160561	20%	30～50，2	3
		苯醚甲环唑（5）	PD20141133	10%	50～75，3	3
		吡唑醚菌酯（3）	PD20182598	25%	30～40，4	1
		吡唑醚菌酯·毒氟磷（1）	PD20212001	25%	60～80，2	3
		春雷·溴菌腈（1）	PD20181250	27%	80～100，3	5
		多·福·溴菌腈（3）	PD20095330	40%	100～150，3	5
		氟菌·肟菌酯（2）	PD20172803	43%	15～25，2	3
		氟菌·戊唑醇（1）	PD20172927	35%	25～30，2	3
		福·福锌（47）	PD20096423	80%	125～150，2	14
		福·甲·硫磺（3）	PD20086189	70%	80～120，3	4
		腐霉利（1）	PD20160524	50%	60～80，3	1
		硅唑·咪鲜胺（3）	PD20093719	20%	40～67，3	3
		甲硫·丙森锌（5）	PD20160617	70%	75～100，3	3
		甲硫·福美双（10）	PD20085862	50%	66.7～80，2	10
		甲硫·戊唑醇（1）	PD20172761	35%	100～120，3	3
		甲硫·异菌脲（2）	PD20181947	60%	40～60，3	3
		克菌丹（3）	PD20160005	50%	120～180，3	3
		硫磺·甲硫灵（3）	PD20085725	50%	93～125，3	4
		咪锰·多菌灵（1）	PD20100442	30%	100～133，2	7
		咪鲜·丙森锌（3）	PD20140223	70%	90～120，2	5
		咪鲜·甲硫灵（3）	PD20151103	50%	60～70，3	3

续表

防控对象	农药类别	农药名称及登记数量	部分登记证号	总含量	施用剂量〔毫升（克）/亩〕，每季最大使用次数（次）	安全间隔期（天）
炭疽病	杀菌剂	咪鲜胺（2）	PD20151951	50%	60～80, 3	5
		咪鲜胺锰盐（7）	PD20120752	60%	50～65, 2	7
		嘧菌·戊唑醇（1）	PD20170938	40%	20～30, 4	3
		肟菌·戊唑醇（2）	PD20102160	75%	10～15, 3	3
		戊唑·嘧菌酯（2）	PD20142339	50%	18～24, 3	5
		辛菌·四霉素（1）	PD20183056	2%	68～90, 2	1
		唑醚·代森联（4）	PD20161565	60%	60～100, 4	2
		唑醚·氟硅唑（1）	PD20200739	30%	25～35, 2	3
白粉病	杀菌剂	阿维·噻唑膦（1）	PD20170513	10.50%	14～17, 2	3
		百·福（1）	PD20097067	55%	114～133, 3	4
		百菌清（3）	PD20092533	75%	133～153, 3	7
		苯甲·百菌清（1）	PD20171416	44%	100～140, 3	3
		苯甲·吡唑酯（2）	PD20181034	32%	30～35, 3	3
		苯甲·氟酰胺（1）	PD20172779	12%	56～70, 2	3
		苯甲·醚菌酯（9）	PD20151377	30%	30～40, 2	5
		苯甲·嘧菌酯（2）	PD20171922	32.50%	30～50, 3	3
		苯甲唑·乙嘧酯（1）	PD20210971	30%	60～75, 3	3
		苯醚甲环唑（9）	PD20090149	10%	50～80, 3	3
		苯醚菌酯（1）	PD20151574	10%	5 000～10 000倍液, 2	3
		吡萘·嘧菌酯（2）	PD20142275	29%	30～50, 3	3
		吡萘胺·苯甲唑（1）	PD20210441	250克/升	30～50, 3	3
		吡噻菌胺（1）	PD20190054	20%	25～33, 3	2
		吡唑醚菌酯（25）	PD20211123	9%	55～74, 3	3
		吡唑萘菌胺·戊唑醇（1）	PD20210430	40%	20～30, 3	3
		吡唑酯·氟吡酰（1）	PD20220422	30%	25～35, 2	3

防控对象	农药类别	农药名称及登记数量	部分登记证号	总含量	施用剂量［毫升（克）/亩］，每季最大使用次数（次）	安全间隔期（天）
白粉病	杀菌剂	丙森·醚菌酯（1）	PD20171974	48%	85～115，2	7
		丙森锌（1）	PD20110356	70%	30～50，3	5
		丙森锌·氟唑菌酰胺（1）	PD20212684	60%	100～120，3	3
		大黄素甲醚（1）	PD20130369	0.50%	90～120，/	/
		啶酰·乙嘧酚（2）	PD20172660	36%	40～50，3	3
		啶酰菌胺·氟菌唑（1）	PD20200466	35%	24～48，3	3
		啶酰菌胺·硫磺（1）	PD20200140	40%	100～120，3	3
		多抗霉素（6）	PD20094672	1%	750～1 000，3	2
		氟硅唑（20）	PD20091399	8%	40～60，3	3
		氟菌·肟菌酯（2）	PD20152429	43%	5～10，3	3
		氟菌·戊唑醇（1）	PD20172927	35%	5～10，2	3
		氟菌唑（11）	PD20160992	30%	13～20，2	3
		氟菌唑·甲基硫菌灵（1）	PD20200653	40%	35～55，2	3
		氟菌唑·乙嘧酚磺酸酯（1）	PD20212007	35%	16～32，3	7
		氟嘧·戊唑醇（1）	PD20182726	43%	20～30，3	1
		氟酰羟·苯甲唑（2）	PD20220033	200 克/升	40～50，3	3
		福美双（28）	PD20093058	50%	75～150，3	4
		寡糖·嘧菌酯（1）	PD20130559	23%	65～98，3	1
		硅唑·多菌灵（2）	PD20131296	40%	14～16，3	3
		硅唑·嘧菌酯（1）	PD20172727	20%	35～55，3	3
		己唑·醚菌酯（3）	PD20121819	30%	6.7～13.3，3	3
		己唑醇（12）	PD20120045	10%	15～25，3	3
		甲基硫菌灵（19）	PD20084476	50%	45～67.5，2	4
		甲硫·百菌清（2）	PD20093625	75%	120～150，3	7

续表

防控对象	农药类别	农药名称及登记数量	部分登记证号	总含量	施用剂量[毫升（克）/亩]，每季最大使用次数（次）	安全间隔期（天）
白粉病	杀菌剂	甲硫·福美双（5）	PD20093362	70%	50～75，2	4
		甲硫·醚菌酯（1）	PD20172233	39%	80～100，3	3
		甲硫·噻唑锌（1）	PD20184279	40%	120～180，2	5
		腈菌·福美双（4）	PD20085975	20%	80～120，3	4
		腈菌·乙嘧酚（1）	PD20170320	30%	25～35，3	3
		腈菌唑（11）	PD20142565	40%	10～12.5，3	3
		硫磺·多菌灵（18）	PD20094883	25%	360～480，3	3
		硫磺·甲硫灵（1）	PD20090957	70%	80～120，3	10
		硫磺·三唑酮（3）	PD20081507	45%	1 500～2 000 倍液，2	5
		氯氟醚·吡唑酯（1）	PD20190264	400克/升	25～40，3	3
		氯氟醚菌唑（2）	PD20220030	400克/升	15～25，3	1
		锰锌·腈菌唑（6）	PD20091175	62.50%	200～250，3	5
		锰锌·三唑酮（1）	PD20070255	40%	100～112.5，2	7
		醚菌·啶酰菌（5）	PD20172022	30%	60～75，3	2
		醚菌·乙嘧酚（1）	PD20173196	40%	40～60，2	3
		醚菌酯（36）	PD20140067	60%	14～18，3	5
		嘧啶核苷类抗菌素（2）	PD20140840	4%	300～400 倍液，2	7
		嘧菌·戊唑醇（2）	PD20122083	22%	27～32，2	3
		嘧菌·乙嘧酚（1）	PD20170439	40%	30～40，3	3
		嘧菌酯（26）	PD20131331	25%	60～90，3	3
		宁南·氟菌唑（1）	PD20171892	29%	15～20，2	2
		宁南霉素（1）	PD20110754	10%	50～75，2	3
		蛇床子素（2）	PD20171161	1%	150～200，/	/
		双胍三辛烷基苯磺酸盐（1）	PD374-2001	40%	1 000～2 000 倍液，3	5
		四氟·吡唑酯（2）	PD20211919	20%	20～40，3	3
		四氟·嘧菌酯（1）	PD20181474	17%	50～60，3	3

续表

防控对象	农药类别	农药名称及登记数量	部分登记证号	总含量	施用剂量[毫升（克）/亩]，每季最大使用次数（次）	安全间隔期（天）
白粉病	杀菌剂	四氟醚唑（1）	PD20070130	4%	67～100，3	3
		四氟唑·乙嘧酯（1）	PD20210052	30%	40～50，2	3
		肟菌·戊唑醇（6）	PD20102160	75%	10～15，3	3
		肟菌酯·乙嘧酚磺酸酯（2）	PD20231216	25%	18～28，2	3
		戊唑·百菌清（2）	PD20132127	43%	53～67，3	5
		戊唑·嘧菌酯（6）	PD20150608	45%	12～18，3	5
		戊唑醇（11）	PD20050216	430克/升	15～18，3	5
		烯肟·戊唑醇（1）	PD20096616	20%	33～50，3	3
		烯肟菌胺（1）	PD20095213	5%	53～107，2	7
		硝苯·嘧菌酯（1）	PD20182461	36%	60～80，3	2
		硝苯菌酯（1）	PD20151472	36%	28～40，3	3
		小檗碱盐酸盐（3）	PD20183537	0.50%	200～250，3	15
		乙嘧酚（3）	PD20142057	25%	60～100，3	7
		乙嘧酚磺酸酯（6）	PD20190149	25%	60～80，3	3
		异丙噻菌胺（1）	PD20212928	400克/升	50～83，3	1
		中生·醚菌酯（1）	PD20171673	13%	45～60，2	3
		唑醚·啶酰菌（6）	PD20210442	45%	30～40，3	3
		唑醚·氟硅唑（1）	PD20181310	40%	12.5～15，2	3
		唑醚·氟酰胺（1）	PD20170738	42.40%	10～20，3	3
		唑醚·氟酰胺（1）	PD20160350	42.40%	10～20，3	3
		唑醚·己唑醇（1）	PD20180563	12%	35～65，2	5
		唑醚·戊唑醇（1）	PD20182719	45%	28～30，3	3
		唑醚·乙嘧酚（3）	PD20182568	30%	50～60，3	3
		唑酮·福美双（1）	PD20080286	40%	75～95，8	7
		d-柠檬烯（1）	PD20184008	5%	90～120，/	/
		枯草芽孢杆菌（18）	PD20151129	1 000亿个/克	70～80，3	3

续表

防控对象	农药类别	农药名称及登记数量	部分登记证号	总含量	施用剂量[毫升（克）/亩]，每季最大使用次数（次）	安全间隔期（天）
白粉病	杀菌剂	贝莱斯芽孢杆菌CGMCC No.14384（1）	PD20211360	200CFU/克	100～200，/	/
		虎杖根茎提取物（2）	PD20210972	0.05%	335～670，/	/
		苦参碱（1）	PD20181757	2%	45～60，3	1
		矿物油（4）	PD20095615	99%	200～300，/	/
		硫磺（29）	PD20110450	50%	150～200，3	2
	植物诱抗剂	几丁聚糖（8）	PD20211590	0.20%	300～600，/	3
灰霉病	杀菌剂	吡唑·啶酰菌（1）	PD20182028	30%	50～70，3	3
		啶菌噁唑·啶酰菌胺（1）	PD20210029	25%	67～93，3	3
		啶酰·咯菌腈（2）	PD20200022	30%	45～88，2	5
		啶酰·异菌脲（1）	PD20183095	65%	21～24，3	7
		啶酰菌胺（13）	PD20160547	50%	40～45，3	2
		啶酰菌胺·乙霉威（1）	PD20211381	50%	50～60，3	1
		啶氧菌酯（1）	PD20121668	22.50%	26～36，3	3
		多抗·喹啉铜（1）	PD20211387	30%	55～80，3	3
		多抗霉素（6）	PD20098001	10%	125～150，3	2
		氟吡菌酰胺·嘧霉胺（1）	PD20200234	500克/升	60～80，2	3
		福·甲·硫磺（1）	PD20070525	50%	73～80，3	4
		腐霉·百菌清（1）	PD20091752	20%	175～200，1	4
		腐霉·多菌灵（1）	PD20085682	50%	84～100，3	3
		腐霉利（13）	PD20230063	43%	75～100，2	3
		腐霉利·乙霉威（1）	PD20231218	60%	40～50，1	3
		咯菌腈（1）	PD20210042	20%	25～35，3	3

续表

防控对象	农药类别	农药名称及登记数量	部分登记证号	总含量	施用剂量[毫升（克）/亩]，每季最大使用次数（次）	安全间隔期（天）
灰霉病	杀菌剂	咯菌腈·乙霉威（2）	PD20211938	30%	45～60，2	3
		过氧乙酸（11）	PD20130256	21%	140～235，3	1
		甲硫·乙霉威（1）	PD20100323	65%	80～125，3	7
		嘧胺·乙霉威（6）	PD20182609	26%	125～150，2	3
		嘧霉·啶酰菌（3）	PD20183385	40%	117～133，2	3
		嘧霉·多菌灵（2）	PD20086336	30%	2，/	3
		嘧霉·福美双（2）	PD20090416	30%	133～200，3	4
		嘧霉胺（55）	PD20140568	20%	120～180，2	3
		乙霉·多菌灵（1）	PD20101259	25%	214～300，2	5
		异丙噻菌胺（1）	PD20212928	400 克/升	50～83，3	1
		异菌·福美双（1）	PD20085857	50%	80～160，2	7
		荧光假单胞杆菌（1）	PD20152199	1 000 亿个活孢子/克	70～80，/	/
		中生·嘧霉胺（1）	PD20141731	25%	100～120，2	3
		唑醚·啶酰菌（7）	PD20181435	30%	45～75，2	3
		唑醚·氟酰胺（2）	PD20160350	42.40%	20～30，3	3
		申嗪霉素（1）	PD20110315	1%	100～120，2	2
		木霉菌（5）	PD20171880	3 亿个孢子/克	125～167，3	/
		解淀粉芽孢杆菌QST713（1）	PD20211364	10 亿CFU/克	350～500，/	/
		枯草芽孢杆菌（3）	PD20150091	1 000 亿个芽孢子/克	35～55，/	/
		甲基营养型芽孢杆菌9912（1）	PD20181602	30 亿个芽孢子/克	62.5～100，/	/
		海洋芽孢杆菌（1）	PD20142273	10 亿CFU/克	100～200，/	/
		β-羽扇豆球蛋白多肽（1）	PD20190105	20%	130～210，/	/
		苦参碱（1）	PD20181757	2%	30～60，3	1

防控对象	农药类别	农药名称及登记数量	部分登记证号	总含量	施用剂量[毫升（克）/亩]，每季最大使用次数（次）	安全间隔期（天）
灰霉病	杀菌剂	白藜芦醇（1）	PD20212933	0.20%	80～120，/	/
		百·福·福锌（1）	PD20091383	75%	110～150，2	14
		百·锌·福美双（1）	PD20096619	75%	107～150，1	15
		百菌清（106）	PD20091460	5%	500～800，4	3
		苯甲·嘧菌酯（1）	PD20170341	32.50%	40～50，3	3
		苯菌·氟啶胺（1）	PD20161013	40%	20～30，3	5
		吡醚·霜脲氰（1）	PD20180507	30%	33～40，3	3
		吡唑·代森联（1）	PD20180990	60%	40～60，3	2
		吡唑醚菌酯（70）	PD20160804	25%	20～40，3	3
		吡唑醚菌酯·氟吗啉（1）	PD20211443	330克/升	50～60，2	3
		吡唑醚菌酯·王铜（1）	PD20200375	40%	60～80，3	3
		丙森·膦酸铝（1）	PD20131030	72%	167～200，2	5
		丙森·醚菌酯（1）	PD20180729	60%	50～90，2	3
		丙森·霜脲氰（6）	PD20091824	60%	70～80，3	4
		丙森·缬霉威（1）	PD20050200	66.80%	100～133，3	3
		丙森锌（24）	PD20140824	70%	150～214，3	5
		波尔·甲霜灵（1）	PD20096979	85%	70～100，2	7
		波尔·锰锌（1）	PD20086361	78%	170～230，2	4
		波尔·霜脲氰（1）	PD20094196	85%	107.1～150，2	2
		波尔多液（1）	PD20095209	80%	97～125，3	14
		春雷·王铜（1）	PD20160568	47%	90～100，3	3
		春雷·喹啉铜（1）	PD20211998	33%	50～70，3	3
		春雷·王铜（5）	PD20183550	47%	95～100，3	4
		春雷霉素（1）	PD20182188	4%	45～55，3	3
		代森铵（5）	PD84119-9	45%	78，3	3
		代森联（8）	PD20184217	70%	140～170，3	5

续表

防控对象	农药类别	农药名称及登记数量	部分登记证号	总含量	施用剂量 ［毫升（克）/亩］， 每季最大使用次数（次）	安全间隔期（天）
灰霉病	杀菌剂	代森联·氟吡菌胺（1）	PD20200740	70%	50～70，3	3
		代森锰锌（38）	PD20096636	50%	272～400，3	7
		代森锰锌·缬菌胺（1）	PD20190040	66%	130～170，3	3
		代森锌（3）	PD20084095	65%	200～307，/	3
		代锌·甲霜灵（1）	PD20084488	47%	400～500 倍液，3	3
		敌磺钠（1）	PD85110-2	45%	250～500 倍液，5	10
		丁香菌酯（1）	PD20161261	20%	25～50，3	3
		啶氧菌酯（5）	PD20184133	50%	15～18，2	3
		多·锰锌（1）	PD20081747	40%	94～150，3	15
		多抗·福美双（2）	PD20098015	25.75%	100～187，3	4
		噁霜·锰锌（24）	PD20141178	64%	170～210，3	3
		噁霜灵·氟吡菌胺（1）	PD20211950	28%	40～50，3	3
		噁霜灵·氰霜唑（1）	PD20220207	20%	30～50，3	3
		噁霜灵·霜脲氰（1）	PD20220415	38%	50～60，3	3
		噁霜灵·烯酰吗啉（1）	PD20220289	70%	15～25，3	3
		噁酮·氟噻唑（1）	PD20183620	31%	27～33，3	3
		噁酮·霜脲氰（14）	PD20184215	52.50%	28～36，3	3
		噁唑菌酮（1）	PD20183294	25%	30～40，3	3
		噁唑菌酮·氟吡菌胺（1）	PD20230379	30%	30～40，3	3
		二氯异氰尿酸钠（5）	PD20095555	20%	187.5～250，3	3
		氟吡菌胺·精甲霜灵（1）	PD20220060	16%	50～70，2	3
		氟吡菌胺·喹啉铜（4）	PD20230594	32%	42～58，3	3

防控对象	农药类别	农药名称及登记数量	部分登记证号	总含量	施用剂量[毫升（克）/亩]，每季最大使用次数（次）	安全间隔期（天）
灰霉病	杀菌剂	氟吡菌胺·霜脲氰（2）	PD20211989	70%	12～18，2	3
		氟吡菌胺·烯酰吗啉（4）	PD20200651	37%	40.5～54，3	3
		氟菌·霜霉威（7）	PD20211450	687.5克/升	60～75，3	2
		氟吗·精甲霜（1）	PD20183239	15%	33～67，2	5
		氟吗·氰霜唑（1）	PD20183215	30%	17～22，3	3
		氟吗·唑菌酯（1）	PD20181598	25%	27～53，3	3
		氟吗啉（3）	PD20095953	20%	25～50，3	3
		氟醚菌酰胺（1）	PD20170009	50%	6～9，3	3
		氟嘧·百菌清（1）	PD20161247	51%	100～133，3	3
		氟噻唑·锰锌（1）	PD20211029	60.60%	135～165，3	3
		氟噻唑吡乙酮（1）	PD20160340	10%	13～20，2	3
		福美双（47）	PD85122-4	50%	500～1000倍液，3	4
		腐霉·百菌清（2）	PD20091271	20%	200～300，3	3
		寡糖·烯酰（1）	PD20130557	23%	33～67，3	5
		琥·铝·甲霜灵（2）	PD20101544	60%	125～167，3	7
		琥铜·百菌清（1）	PD20100083	75%	125～150，3	4
		琥铜·甲霜灵（1）	PD20097360	50%	3，/	3
		琥铜·霜脲氰（2）	PD20097370	42%	100～117，3	3
		琥铜·乙膦铝（5）	PD20097369	48%	125～389，3	4
		几糖·嘧菌酯（2）	PD20161008	16%	50～60，3	1
		甲霜.锰锌（1）	PD20181399	72%	180～210，2	3
		甲霜·百菌清（4）	PD20085842	72%	107～150，2	10
		甲霜·噁霉灵（1）	PD20092762	3%	125～180，3	3
		甲霜·福美双（2）	PD20094162	35%	250～300，3	4
		甲霜·福美锌（1）	PD20093394	58%	125～188，3	1
		甲霜·锰锌（87）	PD20142367	72%	150～200，3	3

续表

防控对象	农药类别	农药名称及登记数量	部分登记证号	总含量	施用剂量［毫升（克）/亩］，每季最大使用次数（次）	安全间隔期（天）
灰霉病	杀菌剂	甲霜·醚菌酯（1）	PD20130684	65%	60～100，3	3
		甲霜·霜霉威（4）	PD20092773	25%	125～180，3	3
		碱式硫酸铜（5）	PD20180776	70%	55～65，3	3
		腈菌·锰锌（1）	PD20081619	62.25%	133～167，3	4
		精甲·百菌清（2）	PD20160186	44%	100～150，3	3
		精甲·丙森锌（1）	PD20180703	50%	60～80，3	3
		精甲·嘧菌酯（2）	PD20142388	30%	40～60，3	5
		精甲霜·锰锌（4）	PD20132196	68%	100～120，3	3
		精甲霜灵·氰霜唑（1）	PD20210433	20%	40～50，2	3
		精甲霜灵·烯酰吗啉（1）	PD20210287	40%	37.5～50，3	3
		克菌丹（1）	PD20183573	40%	175～233，3	3
		喹啉·霜脲氰（1）	PD20171982	40%	45～60，3	2
		喹啉铜（4）	PD20095866	33.50%	60～80，3	3
		喹啉铜·氰霜唑（1）	PD20200924	35%	30～38，3	3
		硫磺·百菌清（5）	PD20095608	50%	150～250，3	4
		硫酸铜钙（3）	PD20101291	77%	125～175，2	7
		氯溴异氰尿酸（2）	PD20095663	50%	60～70，3	3
		锰锌·苯酰胺（1）	PD20160341	75%	100～150，3	3
		锰锌·噁霜灵（1）	PD20084451	64%	172～203，3	3
		锰锌·氟吗啉（2）	PD20060038	60%	80～120，3	5
		锰锌·甲霜灵（1）	PD20070083	58%	150～188，3	1
		锰锌·腈菌唑（1）	PD20084768	60%	75～94，4	15
		锰锌·霜脲（2）	PD20141792	72%	145～165，3	2
		锰锌·乙铝（1）	PD20090666	64%	140～200，3	15
		醚菌·代森联（1）	PD20181233	60%	60～80，3	3
		醚菌酯（1）	PD20140400	50%	100～133，3	3

防控对象	农药类别	农药名称及登记数量	部分登记证号	总含量	施用剂量[毫升（克）/亩]，每季最大使用次数（次）	安全间隔期（天）
灰霉病	杀菌剂	嘧菌·百菌清（4）	PD20140064	480克/升	80～100，3	3
		嘧菌酯（63）	PD20151244	20%	40～80，3	3
		嘧酯·噻唑锌（1）	PD20151282	50%	40～60，3	3
		宁南·嘧菌酯（1）	PD20180891	25%	30～40，3	3
		宁南霉素（1）	PD20110754	10%	50～60，2	3
		氰霜·百菌清（2）	PD20170443	43%	70～130，3	3
		氰霜·代森联（1）	PD20180559	70%	15～20，3	5
		氰霜·嘧菌酯（1）	PD20152204	40%	20～40，3	1
		氰霜唑（22）	PD20151210	20%	25～40，3	3
		壬菌铜（1）	PD20100681	30%	120～150，3	5
		噻霉酮（1）	PD20086023	1.50%	116～175，3	3
		噻森铜（1）	PD20110274	20%	35～40，3	3
		噻唑膦（1）	PD20182201	30%	50～90，2	2
		三乙膦酸铝（40）	PD20093173	40%	300～470，3	4
		双炔·百菌清（1）	PD20120438	440克/升	100～150，3	2
		霜·代·乙膦铝（1）	PD20090910	76%	93.75～125，3	4
		霜霉·精甲霜（1）	PD20210446	26.80%	40～80，3	3
		霜霉·辛菌胺（1）	PD20102107	16.80%	119～190，3	7
		霜霉威盐酸盐（59）	PD20083485	29.30%	124～206，3	3
		霜脲·百菌清（7）	PD20090805	18%	150～190，3	4
		霜脲·代森联（1）	PD20181309	68%	60～80，3	2
		霜脲·锰锌（81）	PD20095678	36%	/，3	4
		霜脲·嘧菌酯（4）	PD20152584	60%	14～18，2	3
		霜脲·氰霜唑（3）	PD20230903	30%	40～50，2	3
		四唑吡氨酯（1）	PD20211363	10%	40～60，3	3
		松铜·吡唑酯（2）	PD20212693	30%	75～90，3	2
		松脂酸铜（1）	PD20110120	12%	175～233，2	15

续表

防控对象	农药类别	农药名称及登记数量	部分登记证号	总含量	施用剂量［毫升（克）/亩］，每季最大使用次数（次）	安全间隔期（天）
灰霉病	杀菌剂	王铜·甲霜灵（1）	PD20097417	50%	100～125，3	1
		王铜·霜脲氰（1）	PD20097207	40%	120～160，3	3
		肟菌·霜脲氰（2）	PD20220277	48%	18～30，3	3
		烯肟菌酯（1）	PD20070340	25%	27～53，3	2
		烯酰·百菌清（2）	PD20085548	15%	300～400，4	3
		烯酰·吡唑酯（21）	PD20093402	18.70%	75～125，3	3
		烯酰·丙森锌（1）	PD20172082	57%	120～230，3	5
		烯酰·福美双（8）	PD20092688	35%	200～280，3	4
		烯酰·甲霜灵（1）	PD20131094	30%	67～100，3	3
		烯酰·锰锌（51）	PD20084648	69%	100～133，3	4
		烯酰·醚菌酯（3）	PD20152587	35%	50～60，2	3
		烯酰·嘧菌酯（15）	PD20160577	30%	50～70，3	3
		烯酰·霜脲氰（12）	PD20150446	35%	40～60，3	3
		烯酰·王铜（1）	PD20120371	73%	70～80，3	2
		烯酰·乙膦铝（5）	PD20093029	50%	140～180，3	4
		烯酰·中生（2）	PD20132197	25%	30～40，3	2
		烯酰·唑嘧菌（2）	PD20170168	47%	40～60，3	3
		烯酰吗啉（137）	PD20095005	10%	150～200，3	3
		硝苯·嘧菌酯（1）	PD20182461	36%	60～80，3	2
		氧化亚铜（1）	PD20110520	86.20%	139～186，4	10
		乙铝·百菌清（3）	PD20094462	70%	134～200，3	4
		乙铝·氟吡胺（1）	PD20183596	71%	150～167，3	3
		乙铝·福美双（1）	PD20082377	64%	150～196，3	15
		乙铝·锰锌（57）	PD20095653	50%	187～373，3	5
		乙铝·锰锌（2）	PD20094900	50%	125～187，3	15
		唑醚·丙森锌（3）	PD20183734	34%	225～250，3	3
		唑醚·代森联（18）	PD20183118	60%	50～60，3	2
		唑醚·精甲霜（1）	PD20210272	25%	37.5～50，3	3

续表

防控对象	农药类别	农药名称及登记数量	部分登记证号	总含量	施用剂量[毫升（克）/亩]，每季最大使用次数（次）	安全间隔期（天）
灰霉病	杀菌剂	唑醚·喹啉铜（1）	PD20200220	32%	50～70，2	5
		唑醚·氰霜唑（1）	PD20182848	30%	23～30，3	3
		唑醚·霜脲氰（4）	PD20182853	60%	15～20，3	3
		地衣芽孢杆菌（1）	PD20140122	80亿个活芽孢/毫升	130～260，/	/
		枯草芽孢杆菌（1）	PD20151486	10亿个/克	45～60，3	7
		木霉菌（2）	PD20182786	2亿个孢子/克	150～200，/	/
		乙蒜素（1）	PD20101511	20%	70～87.5，2	5
		蛇床子素（2）	PD20183068	1%	150～200，/	/
		苦参碱（4）	PD20132710	1.50%	24～32，3	/
		多抗霉素（7）	PD20097717	1.50%	711.1～1 200，3	2
		申嗪霉素（1）	PD20110315	1%	100～120，2	2
	杀虫剂	氟吡菌酰胺（1）	PD20121664	41.70%	60～100，3	3
	植物诱抗剂	几丁聚糖（6）	PD20120349	0.50%	300～500 倍液，/	/
枯萎病	植物诱抗剂	氨基寡糖素（1）	PD20131376	3%	600～1 000 倍液，/	/
	杀菌剂	氨基寡糖素·噁霉灵（1）	PD20210255	0.30%	8～10 千，1	/
		春雷霉素（16）	PD20095099	2%	50～100 倍液，3	4
		敌磺钠（1）	PD87110-4	70%	250～500，/	/
		敌磺钠（1）	PD87110-2	70%，50%	250～500，/	/
		多果定（1）	PD20190026	50%	120～160，3	2
		噁霉·福美双（1）	PD20084708	68%	800～1 000 倍液，3	15
		混合氨基酸铜（1）	PD20110208	7.50%	200～400 倍液，3	7
		混合氨基酸铜（1）	PD20097358	10%	200～500，/	/
		甲基硫菌灵（1）	PD20170834	50%	60～80，3	2

续表

防控对象	农药类别	农药名称及登记数量	部分登记证号	总含量	施用剂量［毫升（克）/亩］，每季最大使用次数（次）	安全间隔期（天）
枯萎病	杀菌剂	甲硫·福美双（1）	PD20085764	70%	400～500 倍液，2	4
		甲霜·噁霉灵（2）	PD20085852	3%	500～600 倍液，3	3
		枯草芽孢杆菌（1）	PD20180378	300 亿芽孢子/毫升	5 000～10 000 毫升/100 千克种子，/	/
		嘧霉胺（1）	PD20092755	30%	500～700 倍液，每株 250 毫升，3	3
		唑酮·乙蒜素（1）	PD20100480	32%	75～94，2	5
立枯病	杀菌剂	敌磺钠（3）	PD20102106	70%	250～500，1	/
		噁霉·福美双（1）	PD20131358	54.50%	3.7～4.6 克/米^3，1	/
		噁霉灵（1）	PD20085834	70%	1.25～1.75 克/米^2，3	/
		氟胺·嘧菌酯（1）	PD20180516	60%	35～45，1	/
		甲霜·噁霉灵（2）	PD20090901	30%	1～2 克/米^2，3	3
蔓枯病	杀菌剂	苯甲·咪鲜胺（1）	PD20160239	30%	60～80，3	5
		嘧菌酯（2）	PD20060033	250 克/升	60～90，3	1
猝倒病	杀菌剂	敌磺·福美双（1）	PD20095621	10%	1 670～2 000，1	/
		春雷·霜霉威（1）	PD20183551	34%	12.5～15 毫升/米^2，1	/
		氟吡菌酰胺（1）	PD20121664	41.70%	5～8 毫升/米^2，3	3
		甲霜·福美双（1）	PD20085065	38%	2～3 克/米^2，1	/
		霜霉威盐酸盐（4）	PD20120362	722 克/升	5～8 毫升/米^2，3	3
		威百亩（1）	PD20180857	42%	3 350～5 000，1	/
		乙酸铜（8）	PD20097965	20%	1 000～1 500，2	7
黑星病	杀菌剂	氟硅唑（19）	PD20140141	8%	50～63，3	3
		福·福锌（1）	PD20098259	80%	10～12.5，2	3
		腈菌·福美双（16）	PD20091746	62.25%	100～150，3	5
		腈菌唑（1）	PD20090332	12.50%	30～40，4	2
		嘧菌酯（2）	PD20060033	250 克/升	60～90，3	1
		戊唑醇（1）	PD20151297	45%	16～20，3	3

续表

防控对象	农药类别	农药名称及登记数量	部分登记证号	总含量	施用剂量[毫升（克）/亩]，每季最大使用次数（次）	安全间隔期（天）
病毒病	杀菌剂	毒氟磷（1）	PD20211999	20%	80～100，2	3
根腐病	杀菌剂	枯草芽孢杆菌（1）	PD20101654	10亿芽孢子/克	灌根：300～400倍液；穴施：2～3克/株，/	/
调节生长	植物生长调节剂	丙酰芸苔素内酯（1）	PD20096815	0.003%	3 000～5 000倍液，3	3
		14-羟基芸苔素甾醇（1）	PD20183346	0.01%	2 000～3 300倍液，2	/
		24-表芸·三表芸（3）	PD20183721	0.01%	2 500～3 000倍液，3	7
		24-表芸苔素内酯（13）	PD20212032	0.01%	2 000～3 000倍液，3	/
		28-表高芸苔素内酯（2）	PD20083019	0.001 6%	800～1 000倍液，/	/
		28-高芸·赤霉酸（1）	PD20200168	0.50%	1 500～2 000倍液，/	/
		28-高芸苔素内酯（1）	PD20212070	0.01%	2 000～3 000倍液，/	/
		苄氨·赤霉酸（12）	PD20211184	3.60%	800～1 200倍液，2	/
		苄嘌呤·吲哚丁（1）	PD20230536	1%	350～550倍液，2	/
		丙酰芸苔素内酯（3）	PD20220065	0.003%	3 000～5 000倍液，2	/
		赤·吲乙·芸苔（1）	PD20096813	0.14%	7～14，/	/
		赤霉·氯吡脲（1）	PD20171226	0.50%	125～250倍液，/	/
		复硝酚钠（7）	PD20090617	1.40%	4 000～5 000倍液，2	7
		氯吡脲（5）	PD20094490	0.10%	20～25倍液，1	5
		尿囊素（1）	PD20201133	20%	1 000～2 000倍液，2	/
		噻苯隆（1）	PD20120332	0.10%	200～250倍液，1	/
		吲丁·萘乙酸（3）	PD20211178	10%	10 000～20 000倍液，2	3
		芸苔素内酯（2）	PD20130042	0.01%	2 000～2 500倍液，3	/
		硝钠·萘乙酸（1）	PD20094156	2.85%	5 000～6 000倍液，2	3

续表

防控对象	农药类别	农药名称及登记数量	部分登记证号	总含量	施用剂量［毫升（克）/亩］，每季最大使用次数（次）	安全间隔期（天）
促进生根	植物生长调节剂	吲丁·萘乙酸（1）	PD20200158	1%	120～140，2	/
		吲哚丁酸（1）	PD20190251	1%	120～160，1	/
	杀菌剂	氟吡菌胺·烯酰吗啉（1）	PD20190226	36%	120～160，3	5

第三节　风险防控技术

一、主要虫害及其防治

（一）蚜虫

1. 发生规律与危害特点

蚜虫成虫和若虫在叶背和嫩梢、嫩茎上吸食汁液。瓜苗嫩叶及生长点被害后，叶片卷缩，瓜苗生长缓慢萎蔫，甚至使植株提前枯死，老叶受害，提前枯落，缩短结瓜期，降低产量。蚜虫每年发生 20～30 代。以卵在寄主的茎部越冬，也能以成蚜和若蚜在温室、大棚中繁殖危害越冬，无滞育现象，繁殖最佳温度 16～22℃。蚜虫除直接危害造成损失外，还传播多种病毒病。

2. 防治措施

农业防治。清洁温室，恶化害虫的生存条件。在生产中，每隔一周，清除温室等设施内的杂草，摘除病叶。一茬收获后，及时彻底地清除所有的蔬菜残余植株、叶片及杂草，扫净其滋生场所，减少或消灭虫源。彻底处理虫害残体。对于虫害残体，可以浇上煤油或汽油点燃烧毁或深埋。选用抗虫品种，如在防治蚜虫时可选择叶面多毛的抗虫品种，提早播种，及时铲除田边、沟边、塘边等处杂草，可消灭部分蚜源。及时处理枯黄老叶及收获后的残株，清洁田园。还可用银色膜避蚜，覆盖或挂条均可，同时起预防病毒病的作用。

物理防治。采用黄板诱杀，可于市场购买成品黄板，规格为 25 厘米 ×40 厘米，质地为塑料的，可防雨防潮。也可以自己制作，用长方形的硬纸板或纤维板，大小为 30 厘米 ×40 厘米，先涂一层黄色油漆，再涂一层 10 号机油，机油里加少量黄油，把做好的黄板悬挂在蔬菜行间，高出地面 1 米左右（黄瓜生产前期黄板的悬挂高度与植株高度一致），每亩用 20～30 块，诱杀成虫效果显著。黄板粘满害虫后要及时清洗或更换。使用防虫网，栽培过程中，温室通风口等处要覆盖防虫网，选择白色为宜，网目一般选择 22 目为宜，可有效防止温室外的害虫飞入温室内侵害蔬菜和繁殖越冬。

化学防治。可用 22% 敌敌畏烟剂熏蒸，每亩用 300～500 克，或每亩 400 克 80% 敌敌畏乳油掺适量锯末，点暗火熏杀。也可选用 10% 吡虫啉可湿性粉剂 1 000 倍液喷雾。

（二）美洲斑潜蝇

1. 发生规律与危害特点

美洲斑潜蝇寄主广泛，危害作物多，其危害蔬菜的主要种类以黄瓜最为常见。由于其世代重叠，虫体披以蜡粉，影响药效的防治效果，并且对菊酯类农药产生抗药性，给综合防治带来了困难。具有趋蜜、趋黄和趋绿性。幼虫生长适宜温度为 20～30℃，发育期 4～7 天，超过 30℃ 或低于 20℃ 则发育缓慢，且未成熟幼虫的死亡率较高。成虫寿命一般 7～20 天。

2. 防治措施

农业防治。高温灭蛹，利用北方夏季高温季节，于黄瓜拔蔓后，灌水 300～375 米³/公顷，闭棚升温至 50～55℃。每天维持 3～4 小时，持续 2～3 天，对蛹的杀灭效果达 100%。降低发声基数，减轻对下茬作物的危害。改变种植方式，采取轮作，能显著降低斑潜蝇的发生数量。轮作棚较间作或套种棚斑潜蝇发生期推迟 25～30 天，危害指数降低 65.7%～87.8%。

物理防治。在温室的进入口及通风口设置 50～60 目防虫网阻止棚内外斑潜蝇转移危害，能有效地降低斑潜蝇的危害。

化学防治。一是掌握好用药时间。一般在低龄幼虫时期防治效果明显。通常黄瓜植株苗期 2～4 片叶时，进行喷药防治。防治成虫一般在早晨晨露未干前，防治幼虫一般在 9:00—11:00 前施药效果最佳。选用高效、低毒、低残留的化学农药。注意轮换使用各种药剂，以免产生抗药性。二是诱杀成虫。在越冬代成虫羽化盛期，用诱杀剂点喷部分植株。诱杀剂以甘薯或胡萝卜煮液为诱饵，加 0.05% 敌百虫可湿性粉剂制成。每隔 5 天左右点喷 1 次，共喷 5～6 次。三是消灭幼虫。始见幼虫潜蛀的隧道时为第 1 次用药适期，重点喷洒叶片的背面，每隔 7～10 天施药 1 次，连续用药 2～3 次。常用药剂有 40% 乐果乳油 1 000 倍液，这样可杀死潜伏在叶片内的幼虫。四是利用斑潜蝇的趋光性采取措施。斑潜蝇喜欢在菜豆、小白菜上采食和产卵。可在温室最前沿种一行菜豆或小白菜，早晨先将温室最前沿的防寒被卷起 1 米高，斑潜蝇就会飞到前沿光明处，并落在它喜欢采食、产卵和栖息的植株上。当全部揭开防寒被后，马上用高效触杀性农药，并适当增加一些浓度，集中喷洒温室前沿的菜豆角等植株来杀死成虫。每隔 5 天 1 次，可反复喷洒几次。几乎能杀死温室内所有斑潜蝇的成虫，同时对蔬菜不会产生药害（此法易引发温室白粉虱，应兼顾防治）。

（三）白粉虱

1. 发生规律与危害特点

白粉虱世代重叠严重，往往成虫、若虫、卵和伪蛹同时存在，目前生产上还没有对所有虫态都有效的药剂，故采用药剂防治时必须连续、多次施药，以提高防治效果。喷药时间以早晨为好，先喷叶面，后喷叶背，让惊飞起来的白粉虱落到叶片表面触药而死。温室一年可生 10 余代，以各虫态在温室越冬并继续危害。成虫有趋嫩性，白粉虱的种群数量，由春至秋持续发展，到秋季数量达高峰，集中危害瓜类、豆类和茄果类蔬菜。

2. 防治措施

农业防治。合理调整茬口，尽量避免混栽，特别是黄瓜、番茄、菜豆不能混栽。调整生产茬口也是有效的方法，即头茬安排芹菜、甜椒等白粉虱危害较轻的蔬菜，二茬再种黄瓜。可有效地遏制温室白粉虱的大面积发生。

生物防治。保护害虫天敌，如释放丽蚜小蜂或草蛉也能有效防治白粉虱的大发生，方法：当白粉虱成虫在 0.5 头 / 株以下时，每隔两周共 3 次释放丽蚜小蜂成蜂 15 头 / 头株。

化学防治。温室内发现白粉虱，要及时清除带虫老叶，拔除虫残株烧毁。药剂可用 2.5% 联苯菊酯乳油 3 000 倍液，可杀灭成虫、若虫和蛹，但对卵效果不明显，发生严重时每亩用 22% 敌敌畏烟剂 500 克熏烟，可获得良好的防治效果。

二、主要病害及其防治

黄瓜霜霉病、白粉病、灰霉病、细菌性角斑病以及病毒病是黄瓜栽培中常见的病害。近年来，随着日光温室、大棚生产技术的日趋成熟和广泛应用，黄瓜已成可一年四季栽培供应的蔬菜。但是，随之而来的是霜霉病、白粉病、灰霉病等病害越发严重，已成为影响栽培黄瓜产量和品质的主要障碍。正确认识黄瓜常见病害的发病症状、传播途径及发病条件，并采取多种措施加以综合防治，对黄瓜生产非常重要。

（一）霜霉病

1. 发生规律与危害特点

黄瓜霜霉病主要危害叶片，有时也侵害卷须、瓜蔓及花梗。卵菌门假霜霉属古巴假霜霉菌，靠气流和雨水传播，在温室中，人们的生产活动是霜霉病的主要传染源。最适宜发病温度为 16～24℃，低于 10℃ 或高于 28℃，较难发病，低于 5℃ 或高于 30℃，基本不发病。适宜的发病湿度为 85% 以上，特别在叶片有水膜时，最易受侵染发病。湿度低于 70%，病菌孢子难以发芽侵染，低于 60%，病菌孢子不能产生。初发病时黄瓜叶片正面呈浅绿色水渍斑，病斑扩大后受叶脉限制成多角形淡褐色病斑，当田间湿度大时，叶片背面出现黑色霉层。在发病后期，病叶上多个病斑连合成大斑块，使整个叶片枯焦，就像火烧一样干枯卷缩。病斑在空气干燥时易碎裂，空气潮湿时则易腐烂。黄瓜霜霉病是黄瓜栽培中发生最普遍、危害最严重的病害。病情来势猛，发病重，传播快，如不及时防治，将给黄瓜造成毁灭性的损失。

2. 防治措施

农业防治。一是重病田要实行 2～3 年轮作。施足腐熟的有机肥，提高植株抗病能力。二是合理密植，科学浇水，防止大水漫灌，以防病害随水流传播。加强放风，降低湿度。三是如发现被霜霉病菌侵染的病株，要及时拔除，带出田外烧毁或深埋，同时，撒施生石灰处理定植穴，防止病原扩散。收获时，彻底清除残株落叶，并将其带到田外深埋或烧毁。

化学防治。预防可以使用烯酰吗啉或霜脲·锰锌，发病初期烯酰吗啉、甲霜·锰锌或烯酰·锰锌喷雾。发病较重时用氟噻唑吡乙酮进行防治，隔 7～10 天喷 1 次，连续防治 2～3 次，可有效控制霜霉病的蔓延。同时，可结合喷洒叶面肥和植物生长调节剂进行防治，效果更佳。

（二）白粉病

1. 发生规律与危害特点

从苗期到收获期均可发病，叶片发病重，叶柄和茎轻，果实受害少。发病初期，叶片正面及背面产生近圆形星状小粉斑，以正面较多，后向四周扩散成边缘不明显的连片白粉，严重时整个叶面布满白粉，后期白色霉斑因菌丝老熟变为灰色，病叶黄枯，有时病斑上长出成堆黄褐色小粒点后变黑。白粉病是真菌性病害，黄瓜生长中后期发病严重，适宜发病温度 20～25℃，湿度大时有利于侵染，但对空气相对湿度要求不严格，在 25% 左右的空气相对湿度条件下，病害也可发生及流行。栽培管理不当，尤其种植过密，通风透光不良，偏施氮肥，植株徒长、衰弱有利于发病。

2. 防治措施

农业防治。选择抗病品种；播前或移栽前清洁田园；加强田间管理，选择通风良好，土质疏松、肥沃，排灌方便的地块。种植阴天不浇水，晴天多放风，降低温室或大棚的相对湿度，防止温度过高，避免出现闷热。实行与非瓜类作物轮作或水旱轮作；合理密植；合理施肥，多施腐熟有机肥，增施磷钾肥，不过量施氮肥。防止脱肥早衰，增强植株抗病性。采用地膜覆盖栽培。在发病季节，可在黄瓜行间浇小水，以通过提高空气湿度来抑制白粉病发生。

物理防治。发病初期在叶片上喷施 27% 高脂膜乳剂 100 倍液，可形成缺氧条件致白粉病菌死亡，每 5～7 天喷 1 次，连喷 3～4 次。另外，用小苏打 500～1 000 倍液喷雾也有较好的防治效果。

化学防治。可采用 75% 百菌清可湿性粉剂 600 倍液、50% 多菌灵可湿性粉剂 500～800 倍液、2% 农抗 120 等药剂喷雾防治，交替用药，每 7 天喷 1 次，连喷 3 次。温室大棚栽培黄瓜，定植前或发病初期，可用 45% 百菌清烟剂熏烟。

（三）灰霉病

1. 发生规律与危害特点

灰霉病以菌核在土壤中或以菌丝体及分生孢子在病株残体上越冬、越夏，病菌借气流、水溅及农事活动传播，其结瓜期是病菌侵染和发病的高峰期。高湿环境（相对湿度大于 90%）、气温 18～23℃、长时间阴雨天气以及田间通风透光性不好时容易发病；当气温高于 30℃，相对湿度低于 90% 时，则停止蔓延。灰霉病主要危害黄瓜的花及幼瓜，有时也危害叶和茎。病菌多从雌花开始侵入，被害后在花蒂产生水渍状病斑，并逐渐长出灰褐色霉层，此后逐步向幼瓜扩展，致瓜病部先发黄，后产生灰白色霉层，最后导致病瓜停止生长、变软、萎缩、腐烂和脱落。叶片染病，病斑初为水渍状，后变为不规则形的淡褐色病斑，病斑有轮纹，边缘明显，病斑中间有时产生褐色霉层。茎部染病可引起茎部腐烂，瓜蔓折断，严重时可造成整株死亡。

2. 防治措施

农业防治。前茬收获后彻底清除病残体，深耕 20 厘米以上并对土壤进行消毒处理；农事操作中将摘除的病叶、病花、病瓜等带出菜田外深埋；和禾本科作物实行轮作；合理密植。

物理防治。温室大棚栽培的，白天室内温度尽量提高到 25～31℃，超过 33℃ 开始放风，降至 20℃ 时闭风。

化学防治。可用 75% 百菌清可湿性粉剂 600 倍液、40% 施佳乐（嘧霉胺）悬乳剂 800 倍液、50% 扑海因（异菌脲）可湿性粉剂 1 000 倍液，或 50% 速克灵（腐霉利）可湿性粉剂 1 500 倍液喷药防治，药剂交替使用，晴天上午喷雾，每 5～7 天喷 1 次，连喷 3～4 次。要求药液要喷到花及幼瓜上。

（四）细菌性角斑病

1. 发生规律与危害特点

黄瓜细菌性角斑病简称角斑病，其病原菌为丁香假单胞杆菌黄瓜致病变种，属革兰氏阴性菌。角斑病在黄瓜苗期和成株期均可发生，以成株期叶片受害为主。发病初期叶片出现油浸状斑点，病斑多角形、灰褐色或黄褐色，潮湿时病斑处溢出乳白色菌脓，后期空气干燥时病斑呈枯白色穿孔状。此外，角斑病也可危害茎蔓、叶柄、卷须和果实。露地黄瓜在低温、多雨年份角斑病发生严重，保护地内环境温暖潮湿易发病，应注意通风、排水、合理施肥以防黄瓜细菌性角斑病的发生。

2. 防治措施

农业防治。利用抗病力较强品种。在无病区或无病植株上留种，防止种子带菌。催芽前应进行种子消毒。常用的方法有：温汤浸种，用 55℃ 温水浸 40 分钟。与非瓜类作物实行 2 年以上的轮作。利用无菌的大田土育苗。利用高垄栽培，铺设地膜，减少浇水次数，降低田间湿度。保护地及时通风。雨季及时排水。及时清洁田园，减少田间病原。

生物防治。尽量使黄瓜叶面不结露，或者缩短结露时间。在日出后要揭开草苫，让大棚内的温度升高到 25～30℃，最高不能超过 33℃，做好通风排湿工作，将湿度控制在 75% 左右。如果白天大棚内的温度不高、湿度较大，可以适当缩短通风时间，采取密闭棚室升温的措施。如果夜间大棚外的最低气温达到 12℃，可整夜通风，降低大棚内的湿度。一旦遇到连阴天气，应选择温度较高的时候通风。选择在晴天的上午密闭棚室进行浇水和喷洒农药，在闷棚 1 小时左右放风散湿，减少大棚内的湿度。采取膜下滴灌或者浇小水的方式，降低大棚内湿度，能有效控制病害。

化学防治。在发病初期，选择药剂防治，可使用 75% 百菌清粉剂 800 倍液、50% 福美双可湿性粉剂 500 倍液、80% 代森锰锌可湿性粉剂 500 倍液等，每隔 7～10 天喷洒 1 次，连续喷洒 2～3 次，能够取得较好的防治效果，如果配合使用新高脂膜 800 倍液，能够提高防治效果。需要注意的是，在喷药前，要清除干净病株和病叶，并且带到田外集中处理。

（五）病毒病

1. 发生规律与危害特点

按照田间症状表现的不同可以分为：花叶病毒病、皱缩型病毒病、绿斑型病毒病、黄化型病毒病 4 种类型。黄瓜病毒病主要由黄瓜花叶病毒（CMV）、烟草花叶病毒（TMV）和南瓜花叶病毒侵染所致，主要通过种子、汁液摩擦、传毒媒介昆虫及田间农事操作传播至寄主植物上，进行多次再侵染。病毒喜高温干旱的环境，最适发病环境温度为 20～25℃，相对湿度 80% 左右；最适病症表现期为成株结果期。黄瓜病毒病的症状主要表现为花叶、皱缩、绿斑、黄化 4 种类型，全株发病。苗期发病后表现为子叶变黄枯萎，绿色花叶；成株期发病后表现为新叶花叶、皱缩，下部叶片枯黄；果实发病后出现绿斑，果面凹凸甚至畸形。防治媒介害虫不及时、肥水不足、田间管理粗放的田块发病严重。

2. 防治措施

农业防治。选用抗病力较强品种；在无病区或无病植株上留种，防止种子带菌。催芽前应进行种子消毒。常用的方法有：温汤浸种，用 55℃ 温水浸 40 分钟；与非寄主作物实行 2 年以上的轮作，避免多年连作，有效减轻病毒病危害；施腐熟有机肥作基肥，增施磷钾肥；覆盖银灰色塑料地膜，及时清除田间杂草；及时拔除初侵染病株，带出田外销毁或深埋病株残体；进行整枝、绑蔓和摘瓜等农事操作时，操作人员应保持清洁卫生，防止人为传播病毒，操作工具应事先消毒处理；可叶面喷洒氨基酸液肥 500～800 倍液或 0.1%～0.2% 磷酸二氢钾液，增强植株抗病性，叶面肥可单独使用，也可与防病药剂混用，但要严格控制混用浓度，以防出现药害；清除田间杂草，消灭毒源，切断传播途径。

化学防治。病毒病传播害虫主要桃蚜、棉蚜等，可选用 10% 吡虫啉可湿性粉剂 2 000 倍液、1.1% 苦参碱粉剂 1 000 倍液、25% 噻虫嗪可湿性粉剂 600 倍液、25% 吡蚜酮可湿性粉剂 4 000 倍液等喷雾杀虫。

第八章 番 茄

第一节 农药残留风险物质

番茄，即西红柿，是茄科番茄属的一种一年生或多年生草本植物。番茄含有丰富的胡萝卜素、番茄红素、维生素 C 和 B 族维生素，营养价值高，既可生食也可熟食。未成熟的番茄不能食用，因其含有生物碱成分，食用过多可能导致中毒。番茄在中国南北方广泛栽培，易受诸多病虫害危害的作物，如防治不当，常造成严重减产或农药残留超标。

针对北京市蔬菜生产基地种植的番茄农药使用情况进行统计，发现共有 32 种农药有效成分，分别是氯氟氰菊酯、腐霉利、啶虫脒、苯醚甲环唑、多菌灵、灭蝇胺、霜霉威、虫酰肼、噻虫胺、虫螨腈、百菌清、啶酰菌胺、肟菌酯、异菌脲、氯氰菊酯、嘧霉胺、吡丙醚、乙烯菌核利、嘧菌酯、吡唑醚菌酯、吡虫啉、嘧菌酯、咪鲜胺、噻虫嗪、烯酰吗啉、戊唑醇、吡丙醚、异丙威、氯吡脲、茚虫威、螺螨酯、氟吡菌酰胺。无禁限用农药，均为常规农药。

使用率较高的农药有效成分为腐霉利、霜霉威、多菌灵、吡唑醚菌酯、吡虫啉、肟菌酯、啶酰菌胺、苯醚甲环唑、噻虫胺和戊唑醇。

霜霉威、氯氰菊酯和腐霉利等 5 种农药在番茄上使用后存在超过限量值的风险（表 8-1），种植者使用这几种农药时需要规范使用，严格遵照农药说明书中的施用剂量、施用次数和安全间隔期。执法部门和监管机构可将其列为重点监管的农药残留参数，提高监管的精准性，节约人力物力。

表 8-1　番茄农药残留风险清单

残留农药有效成分	是否登记	最大残留限量（mg/kg）
霜霉威	是	2
氯氰菊酯	是	0.5
腐霉利	是	2
啶酰菌胺	是	2
苯醚甲环唑	是	0.5

第二节　登记农药情况

查询中国农药信息网（http://www.chinapesticide.cn/），截至 2024 年 3 月 7 日，我国在番茄上登记的农药产品共有 1 473 个，包括单剂 1 049 个、混剂 424 个；共 165 种农药有效成分（复配视为 1 种有效成分），其中杀虫剂 33 种，杀菌剂 106 种、植物生长调节剂 22 种、植物诱抗剂 2 种、除草剂 2 种。用于防治番茄白粉虱、粉虱、线虫、烟粉虱、根结线虫、黄条跳甲、美洲斑潜蝇、灰霉病、立枯病、青枯病、灰叶斑病、病毒病、花叶病毒病、早疫病、晚疫病、叶霉病等 30 种病虫害。详见表 8-2。

表 8-2　番茄登记农药统计表

防治对象	农药类别	农药名称	部分登记号	总含量	施用剂量[毫升（克）/亩]，每季最大使用次数（次）	安全间隔期（天）
白粉虱	杀虫剂	吡丙·呋虫胺（2）	PD20211532	30%	15～25，1	5
			PD20183107	30%	20～25，1	10
		吡丙·噻虫嗪（2）	PD20210548	30%	6～10，1	5
			PD20183683	30%	8～10，2	7
		吡丙醚（1）	PD20131935	100 克/升	47.5～60，1	7
		吡虫啉（5）	PD20101595	20%	15～20，2	7
			PD20094944	20%	15～20，2	3
		啶虫脒（5）	PD20121962	70%	2～3，2	7
		高氯·噻嗪酮（1）	PD20085061	20.00%	65～80，2	2
		高效氯氰菊酯（2）	PD20131914	3%	150～350，/	7
			PD20180597	3%	150～350，1	7
		金龟子绿僵菌CQMa421（1）	PD20171744	80 亿个孢子/毫升	60～90，/	/
		联苯菊酯（18）	PD20211720	2.5%	20～40，1	4
			PD20097714	25 克/升	20～40，3	4
		联菊·啶虫脒（3）	PD20172790	6%	25～30，2	7
			PD20172225	6%	25～30，2	5

防治对象	农药类别	农药名称	部分登记号	总含量	施用剂量[毫升（克）/亩]，每季最大使用次数（次）	安全间隔期（天）
白粉虱	杀虫剂	螺虫·吡丙醚（1）	PD20210865	25%	10～20，1	7
		氯噻啉（1）	PD20082527	10%	15～30，1	7
		球孢白僵菌ZJU435（1）	PD20212922	100亿个孢子/毫升	60～80，/	/
		噻虫嗪（5）	PD20180781	5%	300～400，1	3
			PD20183853	21%	15～20，/	5
			PD20140749	25.0%	7～15，2	3
		溴氰虫酰胺（1）	PD20140322	10.0%	43～57，3	3
		吡丙·吡虫啉（1）	PD20120704	10.0%	30～50，2	/
		吡蚜·吡丙醚（1）	PD20181972	20%	23～30，2	5
		硅藻土（1）	PD20201083	88%	1 000～1 500，/	7
烟粉虱	杀虫剂	d-柠檬烯（1）	PD20220205	18%	30～40，2	7
		阿维·螺虫酯（1）	PD20180740	28%	10～20，2	7
		阿维菌素·双丙环虫酯（1）	PD20190011	75克/升	45～53，2	5
		丁醚脲·溴氰虫酰胺（1）	PD20200931	480克/升	30～60，2	7
		呋虫胺（1）	PD20180747	20%	15～20，1	5
		氟吡呋喃酮（1）	PD20184006	17%	30～40，1	3
		高氯·啶虫脒（1）	PD20132443	5%	25～40，1	5
		矿物油（2）	PD20182899	99%	400～500，1	/
		联苯·噻虫嗪（2）	PD20220023	35%	10～14，2	5
		螺虫·吡丙醚（1）	PD20210855	20%	35～55，1	3
		螺虫·呋虫胺（5）	PD20211047	20%	45～55，1	5
			PD20210020	30%	20～25，1	5
		螺虫·噻虫啉（6）	PD20171840	22%	30～40，1	14
			PD20211577	22%	30～40，2	5
		螺虫·噻虫嗪（3）	PD20211753	30%	5～10，1	5
			PD20210376	30%	7～10，1	3

续表

防治对象	农药类别	农药名称	部分登记号	总含量	施用剂量 [毫升（克）/亩]，每季最大使用次数（次）	安全间隔期（天）
白粉虱	杀虫剂	螺虫乙酯（10）	PD20212864	22.4%	25～30，1	7
			PD20212857	40%	12～18，1	3
		螺虫乙酯·噻虫胺（1）	PD20210227	30%	20～24，/	5
		球孢白僵菌（1）	PD20102134	400 亿个孢子/克	/，3	/
		噻虫胺（2）	PD20121669	50%	6～8，2	/
		噻虫胺·噻嗪酮（1）	PD20230242	400 克/升	25～30，2	5
		噻虫嗪（1）	PD20152293	25%	7～20，1	5
		噻嗪酮（1）	PD20200745	40%	20～25，1	4
		双丙环虫酯（1）	PD20190012	50 克/升	55～65，2	3
		溴氰虫酰胺（2）	PD20140322	10%	33.3～40，3	3
			PD20190179	19%	4.1～5毫升/米^2，/	5
		爪哇虫草菌 JS001（1）	PD20211369	50 亿个孢子/毫升	20～25，2	4
	杀虫剂/杀螨剂/杀菌剂	矿物油（1）	PD20095615	99%	300～500，/	/
斑潜蝇	杀虫剂	高氯·杀虫单（3）	PD20083663	16%	75～150，1	7
		高效氯氰菊酯（2）	PD20040273	2.5%	50～60，2	5
			PD20094642	4.5%	28～33，2	3
		溴氰虫酰胺（1）	PD20140322	10%	14～18，3	3
蚜虫	杀虫剂	阿维·螺虫酯（1）	PD20180740	28%	10～20，2	/
		高氯·啶虫脒（2）	PD20092258	5%	35～40，1	7
		氯虫·高氯氟（2）	PD20121230	14%	10～20，2	10
			PD20150301	14%	15～20，/	3
		溴氰虫酰胺（1）	PD20140322	10%	33.3～40，3	3
	杀虫剂/杀菌剂	苦参碱（1）	PD20132710	1.5%	30～40，1	10

续表

防治对象	农药类别	农药名称	部分登记号	总含量	施用剂量[毫升（克）/亩]，每季最大使用次数（次）	安全间隔期（天）
棉铃虫	杀虫剂	甲氨基阿维菌素苯甲酸盐（1）	PD20110688	2%	28.5～38，1	/
		氯虫·高氯氟（2）	PD20121230	14%	10～20，2	/
			PD20150301	14%	15～20，2	7
		棉铃虫核型多角体病毒（3）	PD20121335	20亿PIB/毫升	50～60，/	7
			PD20120501	600亿PIB/克	2～4，/	7
		虱螨脲（1）	PD20070344	50克/升	50～60，2	5
		四唑虫酰胺（2）	PD20220191	200克/升	7.5～10，1	3
			PD20200659	200克/升	7.5～10，/	/
		苏云金杆菌G033A（1）	PD20171726	32 000IU/毫克	125～150，2	3
		溴虫氟苯双酰胺（1）	PD20200660	100克/升	10～16，2	5
		乙基多杀菌素（1）	PD20120240	60克/升	50～70，1	/
蓟马	杀虫剂	阿维·螺虫酯（1）	PD20180740	28%	10～20，2	/
		金龟子绿僵菌（1）	PD20220377	100亿个孢子/克	25～50，/	7
		噻虫嗪（1）	PD20171605	25%	10～20，2	7
		溴氰虫酰胺（1）	PD20190179	19%	3.8～4.7毫升/米^2，1	/
黄条跳甲	杀虫剂	联苯菊酯（1）	PD20084348	25克/升	27～36，3	7
根结线虫	杀虫剂	阿维菌素（3）	PD20085783	1.8%	1 000～1 500，2	/
			PD20182739	10%	200～250，1	/
		淡紫拟青霉（1）	PD20110951	5亿个活孢子/克	2 500～3 000，/	/
	杀菌剂	阿维·吡虫啉（2）	PD20140866	15.0%	300～400，/	/
			PD20152619	15.0%	300～400，2	/
		阿维·噻唑膦（1）	PD20172728	10.5%	1 500～2 000，1	/

续表

防治对象	农药类别	农药名称	部分登记号	总含量	施用剂量 ［毫升（克）/亩］， 每季最大使用次数 （次）	安全间隔期（天）
根结线虫	杀菌剂	淡紫拟青霉（7）	PD20212700	10 亿个孢子/克	1 500～2 500，/	/
			PD20210974	5 亿个孢子/克	3 000～3 500，/	/
		氟烯线砜（1）	PD20190007	40%	400～600，1	/
		寡糖·噻唑膦（1）	PD20220121	6%	1 500～2 400，/	/
		甲基营养型芽孢杆菌 LW-6（1）	PD20181621	80 亿个芽孢/克	0.2～0.32 克/株，1	/
		坚强芽孢杆菌（1）	PD20184023	100 亿个芽孢/克	400～800，1	/
		蜡质芽孢杆菌（2）	PD20142395	10 亿 CFU/毫升	4.5～6 升/亩，/	/
			PD20212683	10 亿 CFU/毫升	4～7 升/亩，/	/
		棉隆（3）	PD20211406	98%	30～40 克/米^2，/	/
		氰氨化钙（1）	PD20110256	50%	48～64 千克/亩，/	/
		噻唑膦（17）	PD20140836	5%	3 000～4 000，/	/
			PD20131610	10%	1.5～2.0 千克/亩，1	/
		三氟吡啶胺（1）	PD20230102	450 克/升	6～12 毫升/千株，1	/
		杀线虫芽孢杆菌 B16（1）	PD20211362	5 亿 CFU/克	1 500～2 500，/	/
		嗜硫小红卵菌 HNI-1（1）	PD20190021	2 亿 CFU/毫升	400～600，/	/
		苏云金杆菌 HAN055（1）	PD20211358	200 亿 CFU/克	1 500～2 500，/	55
		异硫氰酸烯丙酯（1）	PD20190006	20%	2～3 升/亩，1	/
	杀线虫剂	棉隆（3）	PD20172394	98%	20 000～25 000，/	7
			PD20182526	98%	30～45 克/米^2，1	/

续表

防治对象	农药类别	农药名称	部分登记号	总含量	施用剂量[毫升（克）/亩]，每季最大使用次数（次）	安全间隔期（天）
根结线虫	杀线虫剂	棉隆（3）	PD20070013	98%	30～45克/米^2，2	5
		阿维·噻唑膦（1）	PD20200169	10%	1 000～1 500，/	/
		阿维菌素（2）	PD20160480	5%	400～500，1	/
		淡紫拟青霉（2）	PD20150497	2亿个孢子/克	1.5～2千克/亩，/	/
			PD20122019	5亿个活孢子/克	3 000～3 500，/	/
		氟吡菌酰胺（2）	PD20121664	41.7%	0.024～0.030毫升/株，1	/
			PD20230210	400克/升	0.02～0.04毫升/株，1	/
		寡糖·噻唑膦（1）	PD20182435	9%	1 500～2 000，/	/
		噻唑膦（12）	PD20097986	10%	1.5～2千克/亩，1	/
			PD20171244	20%	500～1 000，1	/
			PD20201033	960克/升	160～200，1	/
		威百亩（1）	PD20081123	35%	4 000～6 000，3	/
		异硫氰酸烯丙酯（1）	PD20181600	20%	3～5千克/亩，3	/
病毒病	杀菌剂	氨基寡糖素（16）	PD20220018	0.2%	20～30千克/亩，/	/
			PD20150488	0.5%	860～1 080，/	/
		氨基寡糖素·宁南霉素（1）	PD20211921	8%	75～100，3	/
		大黄素甲醚（1）	PD20161197	0%	60～100，/	/
		低聚糖素（3）	PD20170574	6%	60～80，/	/
			PD20210246	6%	64～84，/	5
		丁子香酚（1）	PD20170479	20%	30～45，3	5
		毒氟·吗啉胍（1）	PD20181886	30%	50～90，3	5
		毒氟磷（2）	PD20160338	30%	90～110，3	/
			PD20183384	30%	90～110，3	5

续表

防治对象	农药类别	农药名称	部分登记号	总含量	施用剂量 [毫升（克）/亩]， 每季最大使用次数 （次）	安全间隔期（天）
根结线虫	杀菌剂	寡糖·链蛋白（1）	PD20171725	6.0%	75～100，/	3
		寡糖·吗呱（1）	PD20182148	31%	25～50，/	5
		寡糖·吗胍（2）	PD20211951	80%	50～60，2，/	5
		琥铜·吗啉胍（3）	PD20097956	20%	150～250，3，/	7
			PD20097580	25%	135～200，3，/	/
		混脂·硫酸铜（2）	PD20101263	8%	250～375，/	/
			PD20101264	24%	83～125，/	/
		几丁寡糖素醋酸盐（1）	PD20211361	5%	40～50，/	5
		几丁聚糖（2）	PD20183466	0.5%	100～200，/	/
		吗胍·硫酸铜（1）	PD20097541	1.5%	400～500，3	5
		吗胍·乙酸铜（61）	PD20097832	15%	220～346，3	5
			PD20140760	60%	60～80，2	5
		宁南霉素（4）	PD20097122	8%	75～100，3	10
			PD20212690	8%	85～100，3	20
		葡聚烯糖（5）	PD20160911	0.5%	10～12，/	/
			PD20151690	0.5%	12～15，/	5
		羟烯·吗啉胍（2）	PD20100188	10%	250～375，3	7
			PD20095386	40%	100～150，3	5
		烷醇·硫酸铜（4）	PD20110794	0.5%	50～73，/	7
			PD20101880	1.5%	50～75，2	5
			PD20095402	6%	125～156，/	/
		烯·羟·吗啉胍（1）	PD20097957	40%	100～150，3	10
		香菇多糖（18）	PD20100564	0.5%	150～250，/	/
			PD20142390	1%	80～125，3	7
		辛菌·吗啉胍（5）	PD20101732	4.3%	/，2	7
			PD20110775	5.9%	117～175，3	7
		辛菌胺·吗啉胍（1）	PD20101420	5.9%	222～254，3	7

续表

防治对象	农药类别	农药名称	部分登记号	总含量	施用剂量 [毫升（克）/亩]，每季最大使用次数（次）	安全间隔期（天）
根结线虫	杀菌剂	辛菌胺醋酸盐（3）	PD20101473	1.2%	200～300 倍液，3	7
			PD20101720	1.2%	233～350，2	7
			PD20101646	1.8%	694～1 042，3	5
		盐酸吗啉胍（17）	PD20101043	5%	187～375，3	5
			PD20101247	5%	400～500，3	5
	植物抗性诱导剂	氨基寡糖素（4）	PD20140065	0.50%	800～1 000，3	/
			PD20190209	1%	430～540，/	/
		香菇多糖（7）	PD20170810	1%	100～120，/	/
			PD20100281	0.5%	166～250，/	/
		几丁聚糖（1）	PD20120349	0.5%	300～500 倍液，/	/
赤星病	杀菌剂	多抗霉素（1）	PD85163	1.5%，3%	75 倍液（1.5%）；150 倍液（3%），3	7
猝倒病	杀菌剂	木霉菌（1）	PD20160752	2 亿个孢子/克	4～6 克/米²，/	/
		硫磺·敌磺钠（1）	PD20095709	60%	6～10 克/米²，/	/
		哈茨木霉菌（1）	PD20140319	3 亿 CFU/克	4～6 克/米²，/	/
根腐病	杀菌剂	硫酸铜钙（1）	PD20096516	77%	500～600 倍液，3	/
		木霉菌（1）	PD20211132	1 亿个孢子/克	1 500～3 000，/	/
花叶病	杀菌剂	嗜硫小红卵菌HNI-1（1）	PD20190021	2 亿 CFU/毫升	180～240，/	/
		甾烯醇（1）	PD20181615	0.06%	30～60，/	/
黄萎病	杀菌剂	枯草芽孢杆菌（1）	PD20101654	10 亿个芽孢/克	灌根：300～400 倍液；穴施：2～3 克/株，/	/
灰霉病	杀虫剂/杀菌剂	苦参碱（1）	PD20102100	1%	100～120，/	3
	杀菌剂	β-羽扇豆球蛋白多肽（1）	PD20190105	20%	130～210，/	3
		百菌清（3）	PD20085614	40%	150～167，3	3

续表

防治对象	农药类别	农药名称	部分登记号	总含量	施用剂量[毫升（克）/亩]，每季最大使用次数（次）	安全间隔期（天）
灰霉病	杀菌剂	百菌清（3）	PD20081419	75%	120～200，3	7
		吡噻菌胺（1）	PD20190054	20%	35～65，3	2
		吡唑·啶酰菌（1）	PD20210465	45%	25～35，3	/
		丁子·香芹酚（1）	PD20110170	2.1%	107～150，3	3
		丁子香酚（7）	PD20120949	0.3%	86～120，/	3
			PD20121217	0.3%	88～117，3	3
			PD20152341	0.3%	90～120，3	5
		啶菌·吡唑酯（1）	PD20182221	28%	21～25，2	3
		啶菌·福美双（1）	PD20093355	40%	67～100，4	5
		啶菌噁唑（2）	PD20080774	25%	53～107，3	3
			PD20170676	25%	80～120，3	5
		啶菌噁唑·咯菌腈（1）	PD20201065	14%	71～95，3	7
		啶菌噁唑·嘧菌环胺（1）	PD20200227	25%	40～60，2	7
		啶酰·腐霉利	PD20200909	40%	104～120，2	5
			PD20170409	65%	60～80，2	5
			PD20182595	65%	70～80，3	7
		啶酰·咯菌腈（7）	PD20210948	30%	30～60，2	7
			PD20172859	30%	45～60，2	3
			PD20183232	30%	45～60，2	5
		啶酰菌胺（12）	PD20210041	30%	50～80，3	5
			PD20171112	30%	50～83，3	3
			PD20210260	30%	60～80，2	2
		啶氧菌酯（1）	PD20121668	22.5%	26～36，3	2
		多·福·乙霉威（1）	PD20101178	50%	133～160，2	5
		氟吡菌酰胺·嘧霉胺（1）	PD20200234	500克/升	60～80，2	3
		氟菌·肟菌酯（1）	PD20152429	43%	30～45，2	3

续表

防治对象	农药类别	农药名称	部分登记号	总含量	施用剂量［毫升（克）/亩］，每季最大使用次数（次）	安全间隔期（天）
灰霉病	杀菌剂	氟唑菌酰羟胺·咯菌腈（1）	PD20210440	400克/升	50～70，2	3
		腐霉·百菌清（11）	PD20085639	10%	300～400，2	3
			PD20183561	15%	200～300，2	3
			PD20097418	25%	200～250，3	7
			PD20081693	50%	75～100，2	7
		腐霉·多菌灵（1）	PD20092651	15%	340～400，2	7
		腐霉·福美双（20）	PD20094260	25%	60～100，2	7
			PD20084485	25%	60～100，3	7
			PD20092467	50%	80～120，3	4
		腐霉利（47）	PD20091418	10%	200～300，2	7
			PD20142567	15%	250～450，2	5
		咯菌腈（1）	PD20183883	30%	9～12，3	7
		咯菌腈·异菌脲（2）	PD20230902	40%	20～30，1	7
			PD20200648	40%	20～30，3	/
		哈茨木霉菌（4）	PD20150694	1亿CFU/克	60～100，/	/
			PD20210970	3CFU/克	100～167，/	10
			PD20230092	6亿CFU/克	65～80，3	7
		己唑·腐霉利（1）	PD20111182	16%	800～1 000倍液，3	10
		己唑醇（2）	PD20150772	5%	75～150，3	5
			PD20098415	50克/升	75～150，3	7
		甲基营养型芽孢杆菌LW-6（1）	PD20181621	80亿个芽孢/克	80～120，2	/
		甲硫·福美双（3）	PD20090966	30%	150～187.5，3	10
			PD20085903	30%	150～187.5，3	7
			PD20180350	40%	100～140，3	7
		甲硫·乙霉威（4）	PD20171374	44%	80～120，3	7

续表

防治对象	农药类别	农药名称	部分登记号	总含量	施用剂量[毫升（克）/亩]，每季最大使用次数（次）	安全间隔期（天）
灰霉病	杀菌剂	甲硫·乙霉威（4）	PD20070064	65%	47～70，3	7
			PD20120935	66%	56～75，3	7
		解淀粉芽孢杆菌QST713（1）	PD20211364	10亿CFU/克	350～500，/	7
		菌核·福美双（1）	PD20121631	48%	75～150，2	7
		菌核净（1）	PD20200152	5%	200～400，2	7
		克菌丹（1）	PD20120733	50%	155～190，3	/
		枯草芽孢杆菌（4）	PD20210294	1000亿CFU/克	80～100，3	/
			PD20161234	100亿个孢子/克	100～120，/	5
		苦参·蛇床素（1）	PD20150189	1.5%	40～50，/	5
		嘧环·咯菌腈（1）	PD20120252	62%	30～45，2	7
		嘧环·戊唑醇（1）	PD20184144	30%	40～60，2	7
		嘧菌·腐霉利（1）	PD20141648	30%	100～110，3	7
		嘧霉·百菌清（4）	PD20121851	40%	100～133，3	5
			PD20130148	40%	300～350，2	7
			PD20150402	40%	350～400，3	5
			PD20130862	40%	350～450，2	7
		嘧霉·多菌灵（1）	PD20111301	40%	88～113，2	3
		嘧霉·福美双（3）	PD20092312	30%	/，2	7
			PD20085735	30%	/，2	15
			PD20092816	50%	120～140，2	7
		嘧霉·异菌脲（2）	PD20131058	80%	30～45，/	5
		嘧霉胺（30）	PD20120809	20%	120～180，3	3
			PD20080132	20%	150～188，2	5
			PD20060014	400克/升	63～94，2	5
		木霉菌（6）	PD20152046	10亿个孢子/克	25～50，/	1
			PD20182297	2亿个孢子/克	125～250，3	/

续表

防治对象	农药类别	农药名称	部分登记号	总含量	施用剂量[毫升（克）/亩]，每季最大使用次数（次）	安全间隔期（天）
灰霉病	杀菌剂	双胍三辛烷基苯磺酸盐（1）	PD374-2001	40%	30～50，3	10
		戊唑·腐霉利（1）	PD20161070	40%	42～56，3	5
		香芹酚（4）	PD20183653	1%	58～88，2	/
			PD20171458	5%	100～120，/	7
			PD20140941	5%	100～120，3	10
		小檗碱（2）	PD20151375	0.5%	200～250，3	1
			PD20230660	0.5%	200～250，3	10
		小檗碱盐酸盐（1）	PD20183537	0.5%	200～250，3	15
		乙霉·多菌灵（3）	PD20100566	50%	100～150，2	3
			PD20100530	50%	94～150，3	7
			PD20150405	60%	90～120，3	7
		异丙噻菌胺（1）	PD20212928	400克/升	50～83，3	7
		异菌·百菌清（3）	PD20091802	15%	250～300，3	7
			PD20151761	20%	150～250，3	7
		异菌·多·锰锌（1）	PD20081216	75%	100～140，2	15
		异菌·氟啶胺（2）	PD20161015	45%	40～50，3	7
		异菌·福美双（4）	PD20084103	50%	93.7～125，3	7
			PD20085857	50%	93～120，2	7
		异菌·腐霉利（6）	PD20172265	30%	90～110，3	7
			PD20131861	35%	60～100，3	7
			PD20230905	35%	80～100，2	7
		异菌脲（41）	PD20160619	25%	100～200，3	7
			PD20184274	50%	120～160，3	7
		抑霉唑硫酸盐（1）	PD20120803	10%	60～75，3	3
		唑醚·啶酰菌（5）	PD20182440	38%	20～40，/	3
			PD20210442	45%	30～35，3	5
		唑醚·氟酰胺（2）	PD20170738	42.4%	20～30，3	3
	杀螨剂/杀菌剂	氟啶胺（1）	PD20142468	50%	27～33，3	10

续表

防治对象	农药类别	农药名称	部分登记号	总含量	施用剂量[毫升（克）/亩]，每季最大使用次数（次）	安全间隔期（天）
灰叶斑病	杀菌剂	氟酰羟·苯甲唑（2）	PD20220033	200 克/升	30～50，3	/
		氟唑菌酰羟胺·咯菌腈（1）	PD20210440	400 克/升	15～25，2	7
		乙霉·苯菌灵（1）	PD20183338	45%	35～50，/	14
茎腐病	杀菌剂	氯溴异氰尿酸（1）	PD20094951	50%	500～750 倍液，/	/
蕨叶病	杀菌剂	络氨铜（2）	PD20101464	25%	266.67～400，3	/
			PD20101334	25%	4 002～6 000 克/公顷，2	7
枯萎病	杀菌剂	解淀粉芽孢杆菌B1619（1）	PD20171746	1.2 亿个芽孢/克	20～32 千克/亩，/	/
溃疡病	杀菌剂	硫酸铜钙（1）	PD20096516	77%	100～120，3	21
		氢氧化铜（2）	PD20110053	46%	30～40，3	/
			PD20172980	77%	20～30，3	/
立枯病	杀菌剂	吡唑醚菌酯（1）	PD20212707	2 克/升	3 500～6 500，2	1
		哈茨木霉菌（2）	PD20210970	3CFU/克	1～2 克/米^2，/	7
		解淀粉芽孢杆菌SN16-1（1）	PD20230649	1 亿 CFU/克	670～2 000，3	/
		枯草芽孢杆菌（1）	PD20151514	1 亿个活芽孢/克	100～167，/	7
青枯病	杀菌剂	春雷·噻唑锌（1）	PD20152654	40%	80～100，4	/
		多粘类芽孢杆菌（5）	PD20096844	0.1 亿CFU/克	①300 倍液；②0.3 克/米^2；③1 050～1 400，/	/
			PD20140273	10 亿 CFU/克	①100 倍液；②3 000 倍液；③440～680，/	/
		海洋芽孢杆菌（1）	PD20142273	10 亿 CFU/克	①3 000 倍液；②500～620，/	3
		解淀粉芽孢杆菌QST713（1）	PD20211364	10 亿 CFU/克	10 毫升/米^2、350～500，3	5
		解淀粉芽孢杆菌HT2003（1）	PD20230096	300 亿CFU/克	1 200～1 600 倍液，/	5

续表

防治对象	农药类别	农药名称	部分登记号	总含量	施用剂量 [毫升（克）/亩]，每季最大使用次数（次）	安全间隔期（天）
青枯病	杀菌剂	解淀粉芽孢杆菌 LX-11（1）	PD20190018	60 亿个芽孢 / 毫升	300 ~ 500 倍液，/	/
		枯草芽孢杆菌（1）	PD20152215	1 亿个孢子 / 毫升	/，3	/
		噻森铜（2）	PD20110274	20%	300 ~ 500 倍液，3	/
			PD20142170	30%	67 ~ 107，3	5
		噻唑锌（1）	PD20096932	20%	160 ~ 200，/	5
		中生·寡糖素（1）	PD20171944	10%	1 600 ~ 2 000 倍液，1	7
		中生菌素（7）	PD20210259	0.1%	12 ~ 15 千克 / 亩，3	7
			PD20181745	0.5%	2 500 ~ 3 000，2	/
			PD20130210	3%	600 ~ 800 倍液，3	5
炭疽病	杀菌剂	苯甲·嘧菌酯（1）	PD20140606	32%	24 ~ 48，3	5
		苯醚甲环唑（4）	PD20180332	25%	30 ~ 40，3	
			PD20140213	25%	30 ~ 40，3	7
			PD20160699	40%	18.75 ~ 25，3	5
		吡唑·异菌脲（1）	PD20201076	35%	50 ~ 60，/	/
晚疫病	杀菌剂	氨基寡糖素（17）	PD20110346	0.5%	186 ~ 250，/	/
			PD20101072	0.5%	219 ~ 250，/	5
			PD20150153	2%	60 ~ 70，/	7
		百菌清（6）	PD20121090	75%	100 ~ 125，3	5
			PD20160484	75%	115 ~ 130，3	5
		吡唑醚菌酯·氟吡菌胺（1）	PD20210281	32%	40 ~ 60，3	3
		丙森·霜脲氰（1）	PD20132237	50%	170 ~ 230，3	7
		丙森锌（6）	PD20171637	70%	150 ~ 200，3	2
			PD20050192	70%	150 ~ 214，3	2
		代森锰锌（1）	PD20141270	75.0%	175 ~ 200，3	14
		丁吡吗啉（1）	PD20181611	20%	125 ~ 150，3	5

续表

防治对象	农药类别	农药名称	部分登记号	总含量	施用剂量[毫升（克）/亩]，每季最大使用次数（次）	安全间隔期（天）
晚疫病	杀菌剂	丁子香酚（1）	PD20121217	0.3%	88～117，3	3
		多抗霉素（8）	PD20097134	1.5%	150～200 倍液，3	2
			PD20098056	3%	200～300 倍液，3	2
			PD20097878	3%	355～600，2	2
		噁酮·氟噻唑（1）	PD20183620	31%	27～33，3	5
		噁酮·霜脲氰（2）	PD20181832	40%	37.5～50，3	5
			PD20060008	52.5%	20～40，2	5
		噁酮·烯酰（1）	PD20220127	40%	40～50，3	7
		氟吡菌胺（1）	PD20211008	20%	25～35，3	7
		氟吡菌胺·氰霜唑（11）	PD20211992	20%	50～60，3	7
			PD20211423	30%	20～40，2	3
			PD20211398	40%	25～35，3	3
			PD20211979	50%	16～24，3	3
		氟啶·霜脲氰（1）	PD20142561	50%	40～50，3	5
		氟菌·霜霉威（5）	PD20160046	70%	60～75，3	3
			PD20182669	687.5 克/升	67.5～75，3	3
		氟吗啉（1）	PD20173229	30%	30～40，3	3
		氟嘧·百菌清（1）	PD20161247	51%	100～133，3	2
		氟噻唑·锰锌（1）	PD20211029	60.6%	135～165，3	/
		氟噻唑·双炔酰（1）	PD20220208	280 克/升	35～40，3	/
		氟噻唑吡乙酮（1）	PD20160340	10%	13～20，3	3
		氟噻唑吡乙酮·嘧菌酯（1）	PD20220189	170 克/升	80～100，/	15
		寡雄腐霉菌（1）	PD20131756	100 万个孢子/克	6.67～20，3	/
		几丁聚糖（3）	PD20170741	2%	100～150，/	3
			PD20173248	2%	125～150，3	7
		甲霜·百菌清（1）	PD20097555	12.5%	340～400，3	7

防治对象	农药类别	农药名称	部分登记号	总含量	施用剂量[毫升（克）/亩]，每季最大使用次数（次）	安全间隔期（天）
晚疫病	杀菌剂	甲霜·锰锌（1）	PD20070656	58%	103～126，3	5
		甲霜·霜霉威（1）	PD20091765	25%	83.3～125，3	3
		精甲·百菌清（4）	PD20110690	440克/升	75～120，3	3
			PD20182833	440克/升	93～110，3	7
		精甲·丙森锌（1）	PD20171000	40%	80～100，3	3
		精甲霜·锰锌（1）	PD20080846	68%	100～120，/	5
		喹啉铜（4）	PD20200369	33.5%	30～35，3	7
			PD20173160	40%	25～30，3	5
		锰锌·氟吗啉（1）	PD20070403	50%	67～100，2	5
		锰锌·嘧菌酯（1）	PD20181920	75%	133～167，3	7
		嘧菌·百菌清（1）	PD20140064	480克/升	80～100，3	7
		嘧菌·丙森锌（1）	PD20152668	70%	60～120，3	7
		嘧菌酯（9）	PD20150166	50%	40～60，3	7
			PD20131813	250克/升	60～90，2	7
			PD20131132	250克/升	75～90，/	14
		氰霜·百菌清（1）	PD20172955	39%	74～92，3	7
		氰霜唑（5）	PD20200650	20%	25～35，3	3
			PD20150617	20%	30～35，4	3
			PD20152682	100克/升	55～65，5	14
		三乙膦酸铝（2）	PD20093696	90%	170～200，3	21
			PD20080091	90%	176～200，3	5
		双炔酰菌胺（2）	PD20102139	23.4%	30～40，2	2
			PD20142151	23.4%	30～40，4	5
		霜霉·精甲霜（4）	PD20201074	51.9%	45～60，3	2
			PD20211426	51.9%	45～60，3	5
			PD20182037	60%	45～60，/	5
		霜霉·嘧菌酯（1）	PD20141651	30%	70～80，4	3
		霜脲·百菌清（1）	PD20092009	36%	100～117，3	7

防治对象	农药类别	农药名称	部分登记号	总含量	施用剂量[毫升（克）/亩]，每季最大使用次数（次）	安全间隔期（天）
晚疫病	杀菌剂	霜脲·锰锌（10）	PD20060023	72%	130～180，3	7
			PD20083582	72%	133～180，/	4
			PD20090900	72%	165～180，3	15
			PD20081083	72%	170～200，1	4
		霜脲·嘧菌酯（1）	PD20180565	70%	20～40，3	5
		霜脲·霜霉威（1）	PD20220064	382 克/升	135～167，2	21
		霜脲氰·双炔酰菌胺（1）	PD20210980	43%	40～60，3	7
		烯酰·吡唑酯（1）	PD20170966	18.7%	75～125，2	7
		烯酰·锰锌（1）	PD20090557	50%	162～186，3	4
		烯酰·氰霜唑（1）	PD20170214	40%	30～40，2	7
		烯酰·唑嘧菌（2）	PD20142264	47%	40～60，2	7
			PD20170168	47%	40～60，3	14
		烯酰吗啉（1）	PD20140543	50%	33～40，2	3
		唑醚·代森联（4）	PD20184070	60%	40～60，1	7
			PD20210454	60%	40～60，2	/
			PD20172295	60%	60～80，3	/
	杀螨剂/杀菌剂	氟啶胺（2）	PD20142468	50%	25～35，3	/
			PD20141977	500 克/升	25～33，/	/
	植物诱抗剂	氨基寡糖素（7）	PD20140065	0.5%	187～251，3	/
			PD20211893	5%	30～45，/	5
			PD20130963	20 克/升	60～80，1	/
		几丁聚糖（3）	PD20102080	2%	100～150，/	/
			PD20121615	2%	125～150，2	/
细菌性斑点病	杀菌剂	春雷素·多粘菌（1）	PD20200148	3%	60～120，1	/
叶斑病	杀菌剂	苯甲·氟酰胺（1）	PD20172779	12%	40～67，2	4
		噻菌铜（1）	PD20086024	20%	300～700 倍液，3	5

续表

防治对象	农药类别	农药名称	部分登记号	总含量	施用剂量［毫升（克）/亩］，每季最大使用次数（次）	安全间隔期（天）
叶腐病	杀菌剂	甲基硫菌灵	PD20097795	70%	50～75，2	4
叶霉病	杀菌剂	苯甲·氟酰胺（1）	PD20172779	12%	40～67，3	4
		春雷·霜霉威（1）	PD20181523	30%	90～150，3	7
		春雷·王铜（4）	PD20101009	47%	100～125，3	5
			PD167-92	47%	94～125，3	2
		春雷霉素（9）	PD20084084	2%	133～167，2	4
			PD20084770	2%	140～175，/	4
			PD20090173	2%	140～217，3	4
		多抗·丙森锌（1）	PD20160026	55%	150～200，3	5
		多抗霉素（8）	PD20101655	3%	125～187.5，3	7
			PD20182597	5%	75～112，3	7
			PD20100292	10%	100～140，3	7
		氟硅唑（9）	PD20130874	10%	40～50，/	7
			PD20130181	10%	40～50，2	5
		氟菌·肟菌酯（2）	PD20172803	43%	20～30，2	5
		氟菌·戊唑醇（1）	PD20172927	35%	30～40，3	3
		氟酰羟·苯甲唑（2）	PD20220033	200克/升	40～60，2	20
		氟唑胺·氯氟醚（1）	PD20230566	400克/升	15～35，2	3
		甲基硫菌灵（82）	PD20097046	50%	45～75，3	5
			PD91106-28	50%	50～75，/	5
		甲硫·腈菌唑（1）	PD20090563	25%	100～140，3	10
		克菌·戊唑醇（2）	PD20120820	400克/升	40～60，3	10
		克菌丹（3）	PD20170378	50%	125～187，3	3
			PD20150683	50%	125～188，3	/
		锰锌·腈菌唑（1）	PD20094311	47%	100～135，3	15
		嘧菌酯（5）	PD20060033	250克/升	60～90，2	7
			PD20131132	250克/升	75～90，3	14

续表

防治对象	农药类别	农药名称	部分登记号	总含量	施用剂量[毫升（克）/亩]，每季最大使用次数（次）	安全间隔期（天）
叶霉病	杀菌剂	小檗碱（1）	PD20210452	0.5%	230～280，3	7
		唑醚·氟酰胺（2）	PD20170738	42.4%	20～30，1	/
疫病	杀菌剂	嘧啶核苷类抗菌素（9）	PD86110-5	2%	200 倍液，/	/
			PD86110-3	2%	200 倍液，/	5
			PD86110	2%，4%	200 倍液（2%）；400 倍液（4%），3	7
早疫病	杀菌剂	30% 醚菌酯悬浮剂（1）	PD20142642	30%	40～60 毫升，3	7
		百菌清（29）	PD345-2000	40%	120～140，3	7
			PD20172656	40%	125～175，3	7
			PD20171477	720 克/升	83～110，3	7
		苯甲·百菌清（1）	PD20171416	44%	100～120，2	7
		苯甲·吡唑酯（1）	PD20182192	30%	24～30，3	5
		苯甲·氟酰胺（1）	PD20172779	12%	56～70，2	7
		苯甲·嘧菌酯（2）	PD20172981	325 克/升	30～50，3	7
		苯醚甲环唑（14）	PD20085870	10%	67～100，2	14
			PD20130020	10%	67～100，3	7
			PD20101773	20%	40～50，3	15
		丙森锌（12）	PD20050192	70%	125～187.5，3	15
			PD20140809	70%	125～187.5，3	7
		波尔·锰锌（1）	PD20086361	78%	140～170，3	7
		代森锰锌（159）	PD20091006	30%	200～300，3	7
			PD20093363	30%	240～320，3	15
			PD20110022	85%	173～198，/	5
		代森锌（50）	PD20090076	65%	100～123，/	3
			PD20070531	65%	100～123，2	3
		啶酰菌胺（2）	PD20170403	50%	20～30，2	3
			PD20081106	50%	20～30，3	5

续表

防治对象	农药类别	农药名称	部分登记号	总含量	施用剂量[毫升（克）/亩]，每季最大使用次数（次）	安全间隔期（天）
早疫病	杀菌剂	多·锰锌（2）	PD20081965	36%	140～210，3	10
			PD20090037	50%	80～100，3	15
		多菌灵（1）	PD20170494	80%	62.5～80，3	5
		多抗霉素（4）	PD20091321	0.3%	/，3	7
			PD20092758	0.3%	600～1 000，3	7
		噁酮·氟噻唑（1）	PD20183620	31%	27～33，3	5
		噁酮·锰锌（2）	PD20172570	68.8%	75～94，3	7
			PD20090685	68.75%	75～94，3	1
		噁酮·霜脲氰（2）	PD20170361	52.5%	30～40，2	/
		二氯异氰尿酸钠（3）	PD20095555	20%	187.5～250，3	3
			PD20094898	50%	75～100，3	3
		氟菌·肟菌酯（2）	PD20172803	43%	15～25，2	/
		氟菌·戊唑醇（1）	PD20172927	35%	25～30，2	/
		腐霉·百菌清（1）	PD20081855	50%	107.15～150，3	15
		琥铜·甲霜灵（1）	PD20097360	50%	150～200，4	5
		互生叶白千层提取物（1）	PD20190104	9%	67～100，3	3
		碱式硫酸铜（3）	PD268-99	27.12%	132～159，/	/
			PD20200131	30%	110～150，/	15
			PD20097987	30%	145～180，/	15
		氯氟醚·吡唑酯（2）	PD20220035	400克/升	20～40，3	5
		氯氟醚菌唑（2）	PD20220030	400克/升	15～25，3	3
		锰锌·百菌清（8）	PD20101312	64%	107～150，3	5
			PD20085073	64%	107～150，3	15
			PD20093538	70%	125～150，3	15
		醚菌酯（13）	PD20122043	30%	40～60，3	3
			PD20102116	30%	40～60，3	7
			PD20170913	30%	50～60，2	5

续表

防治对象	农药类别	农药名称	部分登记号	总含量	施用剂量[毫升（克）/亩]，每季最大使用次数（次）	安全间隔期（天）
早疫病	杀菌剂	嘧啶核苷类抗菌素（1）	PD20101413	6%	87.5～125，3	5
		嘧菌·百菌清（7）	PD20142545	560克/升	40～90，3	7
			PD20172920	560克/升	75～120，3	7
		嘧菌酯（6）	PD20180040	25%	24～32，3	5
			PD20060033	250克/升	24～32，3	7
		木霉菌（1）	PD20160752	2亿个孢子/克	100～300，2	3
		氢铜·福美锌（1）	PD20100741	64%	102～117，3	/
		氢氧化铜（9）	PD20110053	46%	25～30，3	/
			PD20095697	77%	134～200，3	7
			PD321-2000	77%	136～200，/	3
		王铜（1）	PD20110181	30%	50～71，3	10
		肟菌·戊唑醇（2）	PD20171571	75%	10～15，3	7
		肟菌酯（1）	PD20172170	50%	8～10，2	2
		戊唑·嘧菌酯（2）	PD20220184	29%	30～40，4	2
		氧化亚铜（1）	PD20110520	86%	70～97，2	7
		异菌·多菌灵（1）	PD20085950	53%	100～150，3	7
		异菌·福美双（1）	PD20096608	50%	93.7～125，3	7
		异菌脲（23）	PD20081659	50%	100～200，/	7
			PD20082383	50%	100～200，1	3
		中生·代森锌（1）	PD20132516	46%	75～100，/	5
		唑醚·代森联（2）	PD20183599	60%	40～60，/	7
	杀菌剂/杀虫剂	代森锰锌（1）	PD266-99	80%	165，3	15
一年生禾本科杂草及部分阔叶杂草	除草剂	精异丙甲草胺（4）	PD20050187	960克/升	65～85毫升/亩（东北地区）；50～65毫升/亩（其他地区），1	/

续表

防治对象	农药类别	农药名称	部分登记号	总含量	施用剂量[毫升（克）/亩]，每季最大使用次数（次）	安全间隔期（天）
一年生禾本科杂草及部分阔叶杂草	除草剂	精异丙甲草胺（4）	PD20082322	960克/升	65～85毫升/亩(东北地区)；50～65毫升/亩(其他地区)，3	/
		仲丁灵（1）	PD20080317	48%	150～250，2	/
调节生长	植物生长调节剂	2,4-滴钠盐（2）	PD20131016	2%	1 000～2 000倍液，/	7
		2,4滴三乙醇胺盐（1）	PD88111	0.5%	250～500倍液，2	/
		24-表·嘌呤（1）	PD20212043	2%	6 000～8 000倍液，/	/
		24-表芸·三表芸（1）	PD20070549	0.01%	2 500～5 000倍液，/	/
		24-表芸苔素内酯·S-诱抗素（1）	PD20230315	0.26%	3 000～5 000倍液，/	/
		28-表高芸苔素内酯（2）	PD20083019	0.0016%	800～1 600倍液，2	/
			PD20211193	0.004%	2 000～4 000倍液，3	/
		28-高芸·寡糖（1）	PD20212762	6%	3 000～4 000倍液，2	/
		S-诱抗素（13）	PD20141062	0.1%	200～400倍液，/	/
			PD20212061	0.1%	200～400倍液，3	7
			PD20093848	1%	1 000～3 000倍液，/	/
		S-诱抗素·三十烷醇（1）	PD20230015	0.35%	1 500～2 000倍液，2	30
		矮壮素（1）	PD20095390	50%	10 000～14 286倍液，/	/
		胺鲜酯（4）	PD20172049	2%	1 000～1 500倍液，/	7
			PD20130896	2%	1 000～1 500倍液，2	/

续表

防治对象	农药类别	农药名称	部分登记号	总含量	施用剂量[毫升（克）/亩]，每季最大使用次数（次）	安全间隔期（天）
调节生长	植物生长调节剂	胺鲜酯（4）	PD20183528	10%	5 000～6 000倍液，/	/
		苄氨·赤霉酸（1）	PD20131024	3.6%	3 000～5 000倍液，/	/
		苄氨·烷醇（1）	PD20183534	10%	4 000～6 000倍液，/	/
			PD20240125	10%	4 000～6 000倍液，/	/
		超敏蛋白（1）	PD20070120	3%	500～1 000倍液，2	7
		赤霉·诱抗素（3）	PD20212036	3%	3 500～4 500倍液，/	7
		对氯苯氧乙酸钠（2）	PD20212731	1%	400～670倍液，/	7
			PD20151570	8%	3 200～5 000倍液，2	7
		复硝酚钠（38）	PD20096523	0.7%	2 000～3 000倍液，/	7
			PD20101714	1.4%	/，4	7
			PD20083021	7%	2 000～3 000倍液，2	7
		冠菌素（1）	PD20211370	0.006%	2 000～3 000倍液，/	3
		氯化血红素（1）	PD20161264	0.3%	20～30，/	14
		萘乙酸（10）	PD20181536	5%	4 000～5 000倍液，/	14
			PD20152483	5%	4 000～5 000倍液，2	7
		萘乙酸钠（2）	PD20220185	0.1%	5 000～7 500，3	7
			PD20182160	10%	5 000～10 000倍液，2	/
		噻苯隆（2）	PD20101353	0.1%	1 000倍液，2	/
			PD20173025	0.2%	1 000～1 600倍液，/	/

续表

防治对象	农药类别	农药名称	部分登记号	总含量	施用剂量［毫升（克）/亩］，每季最大使用次数（次）	安全间隔期（天）
调节生长	植物生长调节剂	三十烷醇（1）	PD20080872	0.1%	1 000～2 000 倍液，5	/
		烯腺·羟烯腺（4）	PD20081299	0.000 4%	1 600 倍液，/	/
			PD20131485	0.001%	3 000～4 000 倍液，3	/
		硝钠·胺鲜酯（4）	PD20212060	3%	1 500～3 000 倍液，2	7
			PD20183544	3%	1 500～3 000 倍液，3	7
		吲哚乙酸（1）	PD20183552	0.11%	0.4～0.8，2	/
		芸苔素内酯（1）	PD20130042	0.01%	2 500～3 333 倍液，2	/
		乙烯利（27）	PD20083813	10%	200～300 倍液，/	3
			PD84125-29	40%	800～1 000 倍液，/	3

第三节　风险防控技术

一、主要虫害及其防治

目前已报道的番茄上害虫有烟粉虱、棉铃虫、斑潜蝇、红蜘蛛、蓟马、蚜虫等。虫害的防治以农业防治、物理防治、生物防治为主，科学合理使用高效、低毒化学农药。以下着重介绍番茄生产中发生重且防治难度大的烟粉虱、棉铃虫、斑潜蝇等主要虫害的发生规律、危害特点及防治措施。

（一）烟粉虱

1. 发生规律与危害特点

烟粉虱在温室每年发生 10 余代，露地蔬菜生产条件下每年发生 6～11 代，世代重叠严重。以各种虫态在温室蔬菜上越冬，翌年转向大棚及露地蔬菜，成为初始虫源。烟粉虱虫口密度春末夏初数量开始上升，秋季上升迅速，于 9 月下旬达到高峰，10 月下旬随着气温的下降逐渐减少。烟粉虱以成虫和若虫吸食寄主植物叶片的汁液，造成被害叶褪绿、变黄，甚至全株枯死，严重影响产量。此外，烟粉虱还分泌大量蜜露，堆积于叶面和果实上，引起煤污病，降低商品价值。烟粉虱 B 型若虫分泌的唾液能造成部分植物生理紊乱，在番茄上表现为果实成熟不均匀。烟粉虱还能传播多种病毒病，如黄化曲叶病毒病等。

2. 防治措施

农业防治。清洁田园，消灭卵虫源，加强田间管理，及时整枝打杈摘除有虫卵的老叶、黄叶，加以销毁。有条件的可种植烟粉虱的诱集作物带，如蓖麻，进行集中灭杀。

物理防治。一是悬挂黄色粘板诱杀成虫，利用烟粉虱、蚜虫对黄色有趋性，在棚室内或露天放置黄色粘板，大棚内每亩 8～10 块，露天每亩 15 块以上，均匀悬挂在作物上方。二是防虫网隔离法，在秋延迟蔬菜棚上覆盖 80 目尼龙防虫网，可有效阻止烟粉虱、蚜虫的侵入。

生物防治。利用烟盲蝽防治烟粉虱。番茄苗定植前 15 天，以 0.5～1.0 头 / 米² 的密度在苗床上释放烟盲蝽；定植 15 天后以 1.0～2.0 头 / 米² 的密度在棚内释放烟盲蝽，同时投放人工饲料。利用丽蚜小蜂防治烟粉虱。悬挂卵卡，从单株烟粉虱 0.5～1.0 头的虫量开始释放寄生蜂丽蚜小蜂，间隔 7～10 天释放 1 次，连续释放 3～4 次。丽蚜小蜂与烟粉虱数量比达 1:（30～50）时，停止放蜂。药剂防治：烟粉虱发生初期，可选用 10% 的 d-柠檬烯可溶液剂 0.45～0.6 升 / 公顷，叶面喷雾。

化学防治。可选用 d-柠檬烯、阿维·螺虫酯、阿维菌素·双丙环虫酯、丁醚脲·溴氰虫酰胺、呋虫胺、氟吡呋喃酮、高氯·啶虫脒、矿物油、联苯·噻虫嗪、螺虫·吡丙醚、螺虫·呋虫胺、螺虫·噻虫啉、螺虫·噻虫嗪、螺虫乙酯、螺虫乙酯·噻虫胺、球孢白僵菌、噻虫胺、噻虫胺·噻嗪酮、噻虫嗪、噻嗪酮、双丙环虫酯、溴氰虫酰胺、爪哇虫草菌 JS001、矿物油等进行防治。

（二）棉铃虫

1. 发生规律与危害特点

棉铃虫每年发生 3～7 代。棉铃虫喜温喜湿，成虫产卵适温在 23℃以上，幼虫最适宜温度为 25～28℃，空气相对湿度为 75%～90%。北方地区由于湿度不如南方稳定，因此，降水量与虫口数量密切相关，一般月降水量 100 毫米、空气相对湿度 70% 以上时棉铃虫大发生。成虫清晨在植株的蜜露上取食补充养分并产卵，因此，生长茂盛的番茄植株，棉铃虫发生较重。棉铃虫以幼虫蛀食花蕾、果实，也可危害嫩茎、新生叶等。花被蛀食，花蕊吃光，作物不能坐果。花蕾受害，萼片张开，变黄脱落。主要危害果实，幼果常被吃空或引起腐烂造成脱落。成熟果实虽然只被蛀食部分果肉，但果内充满虫粪，失去使用价值。蛀孔易进雨水，被病菌侵染引起腐烂和落果，造成减产和经济损失。

2. 防治措施

农业防治。冬前翻耕土地，浇水淹地，破坏棉铃虫的蛹室和越冬场所，减少越冬虫源。在番茄生长期，结合整枝，及时打杈、摘心，发现虫卵摘除烧毁。每天早晨田间检查果实，发现有虫蛀现象，及时捕捉灭杀，并摘除虫害果。

物理防治。在番茄种植面积大的区域，当棉铃虫羽化高峰期到来前，可架设高压汞灯或频振式杀虫灯，此方法具有诱杀棉铃虫成虫数量大、对天敌杀伤小的特点，可起到事半功倍之效。

生物防治。使用 8 000 IU/毫克苏云金杆菌（Bt）可湿性粉剂 500 倍液防治害虫钻蛀番茄果实，使用苏云金杆菌防治棉铃虫及菜青虫时，一定要选择晴天下午或者阴天，且不得和任何杀菌剂混合使用。

化学防治。可选用甲氨基阿维菌素苯甲酸盐、氯虫·高氯氟、棉铃虫核型多角体病毒、虱螨脲、四唑虫酰胺、苏云金杆菌 G033A、溴虫氟苯双酰胺、乙基多杀菌素等进行防治。

（三）斑潜蝇

1. 发生规律与危害特点

一年可发生 7～8 代，代次不显明，世代重叠现象严重。在适温条件下完成一个世代需 15～18 天。湿度是影响该虫发生危害的重要因素。降雨次数多、雨量大或少雨土壤干旱，不利于该虫发生，而降雨次数少，雨量小，但土壤水肥条件好，有利于该虫发生。一年中以 4—10 月为发生盛期，在此期间，其虫情指数出现两个比较明显的高峰，最高峰在 6 月上旬，次高峰在 8 月中旬。

2. 防治措施

农业防治。清理田园，及时清理残体落叶，摘除受害叶，拔除严重受害的植株，清除田边杂草，并及时深埋或烧毁，恶化害虫生存条件，也能减少或消灭虫源。

物理防治。根据美洲斑潜蝇成虫的趋黄性，在田间放置黄板进行诱杀，是防治美洲斑潜蝇比较有效的辅助手段，能起一定控制作用。

生物防治。寄生蜂作为斑潜蝇幼虫的天敌，在不用药的情况下，寄生率可以达到 50% 以上。寄生率较好的寄生蜂有姬小蜂、潜蝇茧蜂。

化学防治。可选用高氯·杀虫单、高效氯氰菊酯、溴氰虫酰胺等进行防治。

二、主要病害及其防治

目前已报道的番茄主要病害有灰霉病、病毒病、晚疫病、叶霉病等。本节着重介绍灰霉病和晚疫病。

（一）灰霉病

1. 发生规律与危害特点

番茄在幼苗期较抗病，开花结果期易感病，初果期果实幼嫩，花瓣内湿度大，有利于病菌侵入，为感病盛期。灰霉病由灰葡萄孢菌侵染引起，可以侵染叶片、茎蔓、花和果实。病害发生初期引起植物组织腐烂，后期会在发病部位出现灰色霉层，故得名灰霉病，灰色霉层即为分生孢子梗和分生孢子。幼苗发病，叶片和叶柄上产生水浸状腐烂，严重时可扩展到幼茎，腐烂折断，育苗床幼苗感病通常会死亡；植株叶片发病常常从叶尖或叶缘开始，呈现"V"形病斑，潮湿时病部长出灰色霉层，干燥时病斑呈灰白色；花瓣染病导致花器枯萎脱落；幼果发病部位通常在果蒂部，烂花和烂果附着在茎部引起茎秆腐烂，造成植株死亡。越冬后土壤中的菌核在适宜的条件下产生分生孢子，分生孢子借风雨在田间传播，成为初侵染源。植株发病后又产生大量的分生孢子，通过气流、雨水、灌水或农事操作等方式传播，进行再侵染。

2. 防治措施

农业防治。越冬茬，冬季低温寡照天气偏多，应加强棚室温湿度管理，适时增温通风，可有效预防番茄灰霉病、晚疫病等病害的发生。

生物防治。越冬茬低温高湿季节，预防或发病初期可选用 1 000 亿个孢子 / 克枯草芽孢杆菌可湿性粉剂 900～1 200 克 / 公顷，或 0.3% 丁子香酚可溶液剂 1.29～1.8 克 / 公顷，或 10 亿 CFU/ 克解淀粉芽孢杆菌 QST713 悬浮剂 5.25～7.5 克 / 公顷，叶面喷雾。

化学防治。可选用苦参碱、β - 羽扇豆球蛋白多肽、百菌清、吡噻菌胺、吡唑·啶酰菌、丁子·香芹酚、丁子香酚、啶菌·吡唑酯、啶菌·福美双、啶菌噁唑、啶菌噁唑·咯菌腈、啶菌噁唑·嘧菌环胺、啶酰·腐霉利、啶酰·咯菌腈、啶酰菌胺、啶氧菌酯、多·福·乙霉威、氟吡菌酰胺·嘧霉胺、氟菌·肟菌酯、氟唑菌酰羟胺·咯菌腈、腐霉·百菌清、腐霉·多菌灵、腐霉·福美双、腐霉利、咯菌腈、咯菌腈·异菌脲、哈茨木霉菌、己唑·腐霉利、己唑醇、甲基营养型芽孢杆菌 LW-6、甲硫·福美双、甲硫·乙霉威、解淀粉芽孢杆菌 QST713、菌核·福美双、菌核净、克菌丹、枯草芽孢杆菌、苦参·蛇床素、嘧环·咯菌腈、嘧环·戊唑醇、嘧菌·腐霉利、嘧霉·百菌清、嘧霉·多菌灵、嘧霉·福美双、嘧霉·异菌脲、嘧霉胺、木霉菌、双胍三辛烷基苯磺酸盐、戊唑·腐霉利、香芹酚、小檗碱、小檗碱盐酸盐、乙霉·多菌灵、异丙噻菌胺、异菌·百菌清、异菌·多·锰锌、异菌·氟啶胺、异菌·福美双、异菌·腐霉利、异菌脲、抑霉唑硫酸盐、唑醚·啶酰菌、唑醚·氟酰胺、氟啶胺等进行防治。

（二）晚疫病

1. 发生规律与危害特点

晚疫病发生时叶和果实受害最为严重。叶片受害部位出现淡绿色水渍状不规则病斑，后变为灰褐色。湿度大时病斑蔓延至整个叶片，病健交界处长出白色霉层。果实染病大多从青果靠近果柄的果面开始，病斑初呈油渍状暗绿色，后逐渐变成边缘明显，稍凹陷的棕褐色云纹状。后期病斑呈深褐色，病果一般不变软，湿度大时长出白色霉层。晚疫病是传染性极强的病害，低温高湿环境中易发生。当棚内温度白天在 18～22℃、相对湿度在 75% 以上时，番茄晚疫病易流行。此外，连续阴雨、种植密度大、通风透光不良、地势低洼、重茬等会诱发晚疫病发生。

2. 防治措施

农业防治。合理轮换倒茬，可与十字花科蔬菜轮作，避免与马铃薯相邻种植。可应用水肥一体化技术降低田间湿度，适时摘除下部老叶及病叶，提高通风透光性，降低发病率。番茄喜钾元素，应合理施用氮肥，适时增施钾肥，提高植株抗病性。

化学防治。喷药时均匀喷洒叶背、茎秆、青果等部位，重点喷植株中、下部，注意轮换交替用药。可选用氨基寡糖素、百菌清、吡唑醚菌酯·氟吡菌胺、丙森·霜脲氰、丙森锌、代森锰锌、丁吡吗啉、丁子香酚、多抗霉素、噁酮·氟噻唑、噁酮·霜脲氰、噁酮·烯酰、氟吡菌胺、氟吡菌胺·氰霜唑、氟啶·霜脲氰、氟菌·霜霉威、氟吗啉、氟嘧·百菌清、氟噻唑·锰锌、氟噻唑·双炔酰、氟噻唑吡乙酮、氟噻唑吡乙酮·嘧菌酯、寡雄腐霉菌、几丁聚糖、甲霜·百菌清、甲霜·锰锌、甲霜·霜霉威、精甲·百菌清、精甲·丙森锌、精甲霜·锰锌、喹啉铜、锰锌·氟吗啉、锰锌·嘧菌酯、嘧菌·百菌清、嘧菌·丙森锌、嘧菌酯、氰霜·百菌清、氰霜唑、三乙膦酸铝、双炔酰菌胺、霜霉·精甲霜、霜霉·嘧菌酯、霜脲·百菌清、霜脲·锰锌、霜脲·嘧菌酯、霜脲·霜霉威、霜脲氰·双炔酰菌胺、烯酰·吡唑酯、烯酰·锰锌、烯酰·氰霜唑、烯酰·唑嘧菌、烯酰吗啉、唑醚·代森联、氟啶胺、氨基寡糖素、几丁聚糖等进行防治。

第九章　普通白菜

第一节　农药残留风险物质

本章中的普通白菜是一类蔬菜的统称，按《食品安全国家标准 食品中农药残留最大残留限量》（GB 2763—2021）中的规定，普通白菜包括小白菜、小油菜、青菜。普通白菜生长速度快、产量高，是餐桌上必不可少的一类绿叶菜，也是易受诸多病虫害危害的作物，如防治不当，常造成严重减产或农药残留超标。

针对北京市蔬菜生产基地种植的普通白菜农药使用情况进行统计，发现共有33种农药，分别是联苯菊酯、啶虫脒、甲氨基阿维菌素苯甲酸盐、烯酰吗啉、灭蝇胺、霜霉威、多效唑、氯氰菊酯、虫螨腈、啶酰菌胺、溴氰菊酯、腐霉利、阿维菌素、多菌灵、腈菌唑、氯虫苯甲酰胺、噻虫胺、吡虫啉、噻虫嗪、哒螨灵、氯氟氰菊酯和高效氯氟氰菊酯、嘧菌酯、除虫脲、灭幼脲、辛硫磷、茚虫威、苯醚甲环唑、百菌清、虫酰肼、吡唑醚菌酯、异菌脲、二甲戊灵、氧乐果。其中氧乐果为限用农药，其他32种均为常规农药。

使用率较高的农药有效成分依次为：啶虫脒、多菌灵、噻虫胺、噻虫嗪、哒螨灵、氯氰菊酯。

以下分别列出小油菜（表9-1）和小白菜（表9-2）中的农药残留风险清单，旨在提醒种植者使用这几种农药存在超过最大残留限量的风险，需要规范使用，严格遵照农药说明书中的施用剂量和施用次数及安全间隔期；方便执法部门和监管机构选择重点监管的农药残留参数，提高监管的精准性，节约人力物力。

表 9-1　小油菜农药残留风险清单

残留农药有效成分	是否登记	最大残留限量（mg/kg）
啶虫脒	是	1
甲氨基阿维菌素苯甲酸盐	是	0.1
吡虫啉	是	0.5
氧乐果	是	0.02
高效氯氟氰菊酯和氯氟氰菊酯	是	2

表9-2　小白菜、奶白菜、快菜农药残留风险清单

残留农药有效成分	是否登记	最大残留限量（mg/kg）
甲氨基阿维菌素苯甲酸盐	是	0.1
啶虫脒	是	1
高效氯氟氰菊酯和氯氟氰菊酯	是	2

第二节　登记农药情况

查询中国农药信息网（http:www.chinapesticide.org.cn/），截至2024年3月7日，我国在小白菜上登记的农药产品共有137个，在小油菜上登记的农药产品共计17个，在青菜上登记的农药产品共计33个，共38种农药有效成分（复配视为1种有效成分）。其中杀虫剂30种，杀菌剂2种，植物生长调节剂6种。用于防治小白菜菜青虫、甜菜夜蛾、斜纹夜蛾、小菜蛾、菜蚜、黄条跳甲、蜗牛、蛴螬、根肿病等11种病虫害；用于防治小油菜玫王潜蝇、菜青虫、甜草夜蛾和小菜蛾4种病虫害；用于防治青菜菜青虫、黄条跳甲、地下害虫等5种病虫害。以蔬菜和十字花科蔬菜作为登记作物共检索得到了1 372种农药产品，本节另选择了部分不同于小白菜、小油菜、青菜上的登记农药单独列出。详见表9-3至表9-6。

表9-3　小白菜登记农药统计

防控对象	农药类别	农药名称及登记数量	部分登记证号	总含量	施用剂量[毫升（克）/亩]，每季最大使用次数（次）	安全间隔期（天）
根肿病	杀菌剂	哈茨木霉菌（1）	PD20210970	3CFU/克	400 ～ 600，2	/
		氰霜唑（1）	PD20150617	20%	80 ～ 100，3	7
菜青虫	杀虫剂	阿维·高氯（1）	PD20121437	1.80%	50 ～ 100，1	7
		阿维·杀虫单（1）	PD20121797	20%	100 ～ 120，2	5
		丁醚脲（1）2	PD20132104	25%	60 ～ 80，1	10
		二嗪磷（1）	PD20080305	50%	40 ～ 60，1	10
		高效氯氟氰菊酯（10）	PD20121616	2.50%	17 ～ 20，3	14
			PD20120801	2.50%	30 ～ 40，2	21
			PD20121560	2.50%	30 ～ 40，2	7
			PD20130487	2.50%	20 ～ 40，3	7

续表

防控对象	农药类别	农药名称及登记数量	部分登记证号	总含量	施用剂量[毫升（克）/亩]，每季最大使用次数（次）	安全间隔期（天）
菜青虫	杀虫剂	高效氯氟氰菊酯（10）	PD20095231	2.50%	15～20，3	7
			PD20120578	5%	15～20，2	7
			PD20110543	5%	12～18，3	7
		甲维·氟酰胺（1）	PD20182311	12%	10～15，1	5
		溴氰·马拉松（1）	PD20082450	25%	30～50，2	7
		溴氰虫酰胺（1）	PD20140322	10%	10～14，3	3
		溴氰菊酯（1）	PD20085714	2.50%	20～40，2	5
黄条跳甲	杀虫剂	虫螨腈·啶虫脒（1）	PD20190178	35%	15～25，1	7
		哒螨灵（1）	PD20121862	15%	40～60，1	7
		苦皮藤素（1）	PD20183253	1%	90～120，1	/
		联苯·噻虫啉（1）	PD20190249	40%	25～35，1	7
		氯虫·噻虫嗪（1）（2）	PD20230474	3%	300～330，1	14
			PD20141375	300 克/升	27.8～33.3，1	14
		苏云金杆菌（1）	PD20171726	32 000 IU/毫克	150～200，/	/
		溴氰虫酰胺（1）	PD20140322	10%	24～28，3	3
甜菜夜蛾	杀虫剂	虫螨腈（1）	PD20160386	10%	50～70，2	14
		虫螨腈·氯虫苯甲酰胺（1）	PD20230281	38%	10～12，1	14
		高效氯氟氰菊酯（1）	PD20132655	2.50%	37～60，2	7
		甲氨基阿维菌素苯甲酸盐（9）	PD20130334	0.50%	26～44，3	5
			PD20111134	0.50%	20～30，2	7
			PD20110549	0.50%	30～40，3	7
			PD20101834	0.50%	30～40，3	7
			PD20131074	2.30%	5～7，2	7

续表

防控对象	农药类别	农药名称及登记数量	部分登记证号	总含量	施用剂量[毫升（克）/亩]，每季最大使用次数（次）	安全间隔期（天）
甜菜夜蛾	杀虫剂	甲氨基阿维菌素苯甲酸盐（9）	PD20121016	3%	4.4～8.8，2	3
			PD20121369	3%	5～8，2	5
			PD20212845	3%	5～9，2	7
			PD20130534	5%	3～5，2	3
		甲维·虫螨腈（1）	PD20181692	10%	12～18，1	5
		苏云金杆菌（1）	PD20171726	32 000 IU/毫克	150～200，/	/
小菜蛾	杀虫剂	阿维·高氯（4）	PD20150452	1.80%	55～110，1	7
			PD20121437	1.80%	50～100，1	7
			PD20120268	2%	25～50，1	7
			PD20152239	3%	45～60，1	7
		阿维·溴氰（1）	PD20110206	1.50%	50～80，1	14
		阿维菌素（8）	PD20131570	1.80%	35～45，1	7
			PD20111321	1.80%	30～40，1	7
			PD20121658	3.20%	16.9～22.5，1	7
			PD20120983	5%	13～16，1	7
			PD20130002	5%	10～15，2	7
			PD20161363	5%	10～15，2	7
			PD20142664	10%	5～9，1	7
			PD20121008	18克/升	30～50，1	7
		甲氨基阿维菌素苯甲酸盐（1）2	PD20120618	1%	13～18，2	7
			PD20110374	5%	3～4，2	7
		甲维·丁醚脲（1）	PD20150997	21%	30～70，1	7
		甲维·苏云菌（1）	PD20121395	/	30～40，2	7
		甲维·茚虫威（1）	PD20181030	30%	5～10，1	7
		氯虫·噻虫嗪（1）	PD20141375	300克/升	27.8～33.3，1	14

续表

防控对象	农药类别	农药名称及登记数量	部分登记证号	总含量	施用剂量[毫升（克）/亩]，每季最大使用次数（次）	安全间隔期（天）
小菜蛾	杀虫剂	球孢白僵菌（5）	PD20212851	200 亿个孢子/克	15～20，1	1
			PD20110965	400 亿个孢子/克	26～35，/	/
		苏云金杆菌（2）	PD20084385	16 000 IU/毫克	60～75，1	1
		溴氰虫酰胺（1）	PD20140322	10%	10～14，3	3
		茚虫威（2）	PD20141681	30%	5～9，3	3
斜纹夜蛾	杀虫剂	苏云金杆菌（1）	PD20171726	32 000 IU/毫克	150～200，/	/
		溴氰虫酰胺（1）	PD20140322	10%	10～14，3	3
蚜虫	杀虫剂	阿维·吡虫啉（1）	PD20132148	36%	5～7，1	5
		高效氯氟氰菊酯（3）	PD20110653	2.50%	35～50，/	7
			PD20120032	25 克/升	15～20，3	7
		氯氟·啶虫脒（1）2	PD20130609	26%	4～8，2	1
		溴氰虫酰胺（1）	PD20140322	10%	30～40，3	3
		溴氰菊酯（1）	PD20102127	25 克/升	6～8，2	7
		银杏果提取物（1）	PD20190025	23%	100～120，2	/
蜗牛	杀虫剂	聚醛·甲萘威（1）	PD20095009	6%	250～325，2	/
	杀软体动物剂	四聚·杀螺胺（1）	PD20160646	5%	500～600，2	5
	杀虫剂/杀螺剂	四聚乙醛（26）	PD20070448	5%	480～660，2	7
			PD20160780	6%	450～540，1	/
			PD20240048	6%	500～700，1	7
			PD20130285	6%	500～600，2	7
			PD20183473	10%	300～480，1	1
			PD20151007	10%	300～480，2	7
			PD20141137	12%	250～325，1	7

续表

防控对象	农药类别	农药名称及登记数量	部分登记证号	总含量	施用剂量〔毫升（克）/亩〕，每季最大使用次数（次）	安全间隔期（天）
蜗牛	杀虫剂/杀螺剂	四聚乙醛（26）	PD20150815	15%	260～320，1	7
			PD20182753	15%	200～260，2	7
			PD20142015	40%	80～100，1	7
			PD20120145	80%	45～50，2	7
地下害虫	杀虫剂	二嗪磷（1）	PD20096895	4%	1 200～1 500，1	30
小地老虎	杀虫剂	二嗪磷（1）	PD20172335	4%	1 200～1 500，1	/
蛴螬	杀虫剂	阿维·二嗪磷（1）	PD20180469	5%	1 000～1 200，1	30
		二嗪磷（1）	PD20181909	4%	1 200～1 500，1	/
调节生长	植物生长调节剂	14-羟基芸苔素甾醇（3）	PD20130569	0.004%	2 000～3 000 倍液，2	3
			PD20210193	0.01%	1 500～3 000 倍液，2	
		14-羟芸·胺鲜酯（3）	PD20211467	1.10%	1 000～1 500 倍液，2	7
			PD20183576	2%	1 000～1 500 倍液，2	7
			PD20183591	8%	3 500～4 000 倍液，2	7
		24-表芸·胺鲜酯（1）	PD20184171	2%	1 500～2 000 倍液，2	7
		24-表芸·三表芸（2）	PD20070549	0.01%	2 500～5 000 倍液，2	/
		24-表芸苔素内酯（3）	PD20142067	0.01%	1 000～1 500 倍液，2	10
			PD20212057	0.01%	1 500～2 500 倍液，2	7
		28-高芸苔素内酯（5）	PD20210200	0.01%	2 500～5 000 倍液，2	/
			PD20100166	0.01%	2 500～5 000 倍液，2	7
			PD20230508	0.04克/升	2 000～3 000 倍液，2	2
		胺鲜酯（1）	PD20121149	5%	2 000～2 500 倍液，2	7
		吲丁·14-羟芸（1）	PD20230635	0.05%	100～200 倍液，2	/
		芸苔素内酯（3）	PD20086147	0.01%	2 500～5 000 倍液，2	/
			PD20130042	0.01%	2 500～3 333 倍液，2	/

表 9-4　小油菜登记农药统计

防控对象	农药类别	农药名称及登记数量	部分登记证号	总含量	施用剂量[毫升（克）/亩]，每季最大使用次数（次）	安全间隔期（天）
斑潜蝇	杀虫剂	阿维·矿物油（1）	PD20110075	30%	50～70，1	7
		阿维菌素（1）	PD20110667	1.80%	30～40，2	7
菜青虫	杀虫剂	阿维菌素（1）	PD20102008	1.80%	11～22，1	7
		高效氯氟氰菊酯（1）	PD20110840	2.50%	20～40，3	14
		溴氰菊酯（1）	PD20090025	25克/升	20～40，2	5
甜菜夜蛾	杀虫剂	甲氨基阿维菌素苯甲酸盐（8）	PD20102089	0.50%	18～26，2	5
			PD20110025	1%	10～15，3	5
			PD20120352	1%	20～25，3	5
			PD20121154	2%	8.7～13，2	5
			PD20120764	3%	4.4～6.6，2	3
			PD20110102	3%	8～12，2	3
			PD20120465	5%	4～5，2	5
			PD20101793	5%	6～8，2	5
小菜蛾	杀虫剂	阿维·苏云菌（1）	PD20092519	2%	30～50，2	7
		阿维菌素（3）	PD20130570	1.80%	22～33，2	5
			PD20084617	1.80%	30～40，2	7
			PD20100110	1.80%	30～40，1	7

表 9-5　青菜登记农药统计

防控对象	农药类别	农药名称及登记数量	部分登记证号	总含量	施用剂量[毫升（克）/亩]，每季最大使用次数（次）	安全间隔期（天）
菜青虫	杀虫剂	敌百虫（9）	PD84108-5	97%、90%	66～82（97%）71～89（90%），/	14
			PD84108-23	90%	66～82（97%）71～89（90%）74～92（87%），/	7
			PD84108-4	97%	66～82，3	7～10

防控对象	农药类别	农药名称及登记数量	部分登记证号	总含量	施用剂量[毫升（克）/亩]，每季最大使用次数（次）	安全间隔期（天）
菜青虫	杀虫剂	敌百虫（9）	PD84108-8	90%	75～85，5	7
			PD84108-18		待定	7，秋冬8
		敌敌畏（11）	PD91104-27	48%	80，/	7，温室3
			PD91104-8	50%	80，3	7，温室3
			PD91104-28	50%	83，2	7
			PD91104-11	50%	80，2	5，冬季7
			PD91104-29	50%	80，5	5
			PD85105-17	77.50%	50，3	7，温室3
			PD85105-12	77.50%	50，2	7，温室3
			PD85105-27	80%	50，1	7天
			PD85105-15	80%	50，3	7，温室3
			PD85105-34	80%	50，5	5，冬季7
			PD85105-18	80%	50，5	7
		氟啶脲（2）	PD20081590	5%	50～60，3	15
			PD20084168	5%	80～100，4	7
		苏云金杆菌（14）	PD86109-22	8 000 IU/毫克	100～300，/	/
			PD86109-5	16 000 IU/毫克	100～300，3	/
			PD90106-24	100亿个活芽孢/毫升	100～150，/	/
甜菜夜蛾	杀虫剂	氟啶脲（1）	PD20084597	5%	60～80，3	15
小菜蛾	杀虫剂	氯虫·噻虫嗪（1）	PD20111010	300克/升	27.8～33.3，1	14
		氟啶脲（1）	PD20084168	5%	80～100，4	7
		苏云金杆菌（14）	PD86109-22	8 000 IU/毫克	100～300，/	/
			PD86109-5	16 000 IU/毫克	100～300，3	3

续表

防控对象	农药类别	农药名称及登记数量	部分登记证号	总含量	施用剂量［毫升（克）/亩］，每季最大使用次数（次）	安全间隔期（天）
小菜蛾	杀虫剂	苏云金杆菌（14）	PD90106-24	100 亿个活芽孢/毫升	100～150，/	/
黄条跳甲	杀虫剂	氯虫·噻虫嗪（1）	PD20111010	300 克/升	27.8～33.3，/	14
地下害虫	杀虫剂	敌百虫（8）	PD84108-5	97%、90%	52～103（97%）56～111（90%），2	14
			PD84108-23	90%	52～103（97%）56～111（90%）57～115（87%），2	7
			PD84108-4	97%	51.5～103，3	7～10
			PD84108-9	90%	52～103（97%）56～111（90%）57～115（87%），5	7
			PD84108-18	原药	待定	7，秋冬 8

表 9-6　蔬菜及十字花科蔬菜登记农药统计

防控对象	农药类别	农药名称及登记数量	部分登记证号	总含量	施用剂量［毫升（克）/亩］，每季最大使用次数（次）	安全间隔期（天）
菜青虫	杀虫剂	S-氰戊菊酯（2）	PD20083713	5%	10～30，3	3
		阿维·吡虫啉（1）	PD20091900	2%	40～60，2	7
		阿维·高氯氟（1）	PD20097557	1.70%	20～30，3	14
		阿维·氯氰（9）	PD20085158	2.50%	30～50，2	3～7
		阿维·氰戊（1）	PD20096376	1.80%	/，2	5
		阿维·苏云菌（1）	PD20092317	2%	30～50，1	7
		丙溴·辛硫磷（5）	PD20092828	24%	20～40，2	7
		菜颗·苏云菌（1）	PD20120875	1 000·0.2 万 PIB/毫克	200～240，3	/
		除虫脲（2）	PD20094098	20%	20～30，3	7

续表

防控对象	农药类别	农药名称及登记数量	部分登记证号	总含量	施用剂量[毫升（克）/亩]，每季最大使用次数（次）	安全间隔期（天）
菜青虫	杀虫剂	除脲·辛硫磷（4）	PD20094710	20%	30～40，3	7
		哒嗪硫磷（1）	PD85139	20%	500～1 000倍液，3	/
		敌百·辛硫磷（3）	PD20091714	40%	60～80，2	14
		氟氯氰菊酯（2）	PD20085485	5.70%	30～40，2	7
		氟氯氰菊酯（3）	PD20090203	50克/升	27～33，2	7
		高氯·敌敌畏（1）	PD20094847	26%	40～60，3	7
		高氯·吡虫啉（2）	PD20040722	3%	25～50，3	7
		高氯·啶虫脒（1）	PD20094869	5%	40～50，3	7
		高氯·氟啶脲（1）	PD20090902	4.65%	30～60，3	15
		高氯·马（8）	PD20092110	20%	30～50，3	10
		高氯·辛硫磷（14）	PD20040337	20%	30～50，3	7
		高效氯氰菊酯（2）	PD20040409	4.50%	20～40，3	7
		甲氰·辛硫磷（1）	PD20100093	25%	25～50，3	7
		甲氰菊酯（14）	PD20092904	20%	25～30，3	3
		苦参碱（16）	PD20101921	0.30%	69～86，2	14
		矿物油·敌敌畏（1）	PD20096810	80%	60～80，3	5
		狼毒素（1）	PD20120877	1.60%	50～100，/	/
		氯菊酯（1）	PD86138	10%	4 000～10 000倍液，3	2
		氯氰·吡虫啉（2）	PD20040739	5%	50～70，2	7
		氯氰·敌百虫（2）	PD20094665	20%	50～100，2	14
		氯氰·敌敌畏（3）	PD20060065	10%	25～50，2	7
		氯氰·马拉松（4）	PD20093946	16%	50～70，2	7
		氯氰·辛硫磷（5）	PD20060047	25%	30～50，3	7
		氯氰菊酯（83）	PD20040336	5%	40～60，3	7
		马拉·高氯氟（1）	PD20086311	20%	40～50，2	7
		马拉·杀螟松（1）	PD20095002	12%	40～50，2	14
		马拉·辛硫磷（1）	PD20091652	25%	50～75，3	14
		醚菊酯（2）	PD20080051	10%	30～40，2	7

续表

防控对象	农药类别	农药名称及登记数量	部分登记证号	总含量	施用剂量［毫升（克）/亩］，每季最大使用次数（次）	安全间隔期（天）
菜青虫	杀虫剂	灭幼脲（2）	PD20080335	20%	25～38，2	7
		氰戊·敌百虫（1）	PD20092376	21%	50～70，2	14
		氰戊·敌敌畏（1）	PD20092457	20%	50～80，2	7
		氰戊·马拉松（23）	PD20100427	20%	40～50，3	5
		氰戊·杀螟松（1）	PD20085333	20%	30～50，/	/
		氰戊·辛硫磷（13）	PD20094861	12%	40～60，3	14
		氰戊菊酯（50）	PD85154-42	20%	20～40，3	5（冬12）
		杀虫双（1）	PD84104-20	18%	15～40，4	7
		蛇床子素（1）	PD20121348	0.40%	80～120，/	/
		顺式氯氰菊酯（3）	PD20091242	5%	20～30，3	5
		辛硫·氟氯氰（2）	PD20100710	25%	25～35，2	7
		辛硫·高氯氟（3）	PD20086067	21%	/	14
		辛硫·矿物油（3）	PD20101539	40%	50～75，/	14
		辛硫磷（54）	PD20101111	40%	50～75，3	7
		溴氰·敌敌畏（2）	PD20097602	20%	40～50，2	7
		茚虫威（2）	PD20160840	30%	3.5～4.5，3	/
小菜蛾	杀虫剂	阿维·吡虫啉（3）	PD20095539	1.50%	50～100，2	7
		阿维·敌敌畏（1）	PD20082616	40%	40～60，2	5～7
		阿维·丁醚脲（1）	PD20130163	45.50%	30～40，1	7
		阿维·啶虫脒（1）	PD20083635	1.50%	60～80，2	5
		阿维·氟铃脲（1）	PD20095700	3%	30～45，1	7
		阿维·高氯氟（5）	PD20097103	2%	30～40，1	7
		阿维·甲氰（3）	PD20094695	2.80%	70～100，1	7
		阿维·矿物油（4）	PD20110651	18.30%	60～80，3	21
		阿维·灭幼脲（1）	PD20090164	30%	30～40，2	7
		阿维·苏云菌（1）	PD20091358	1.50%	40～50，2	5
		阿维·辛硫磷（10）	PD20095037	20.15%	40～60，3	7

续表

防控对象	农药类别	农药名称及登记数量	部分登记证号	总含量	施用剂量 [毫升（克）/亩]，每季最大使用次数（次）	安全间隔期（天）
小菜蛾	杀虫剂	丙溴磷（2）	PD20095907	40%	60～75，2	14
		虫螨腈（1）	PD20091300	100 克/升	50～70，2	14
		除虫脲（1）	PD20083275	25%	32～40，3	7
		丁醚脲（1）	PD20151390	70%	40～50，2	14
		短稳杆菌（1）	PD20130365	100 亿个孢子/毫升	800～1 000 倍液，/	/
		氟铃·辛硫磷（1）	PD20090701	20%	30～40，3	14
		氟铃脲（1）	PD20093723	5%	40～75，3	7
		高氯·甲维盐（1）	PD20093968	2%	40～60，3	7
		高氯·马（1）	PD20081790	30%	60～80，3	10
		高氯·苏云菌（1）	PD20097697	2.50%	40～50，3	7
		高效氯氰菊酯（8）	PD20095932	4.50%	13.3～37.8，3	7
		甲氰菊酯（1）	PD20093668	20%	25～30，3	3
		苦参碱（1）	PD20101283	0.50%	60～90，1	7
		氯菊酯（1）	PD86138	10%	4 000～10 000 倍液，3	2
		氯氰·丙溴磷（1）	PD20096190	44%	60～80，2	14
		氯氰·辛硫磷（2）	PD20083146	40%	50～70，2	14
		氯氰菊酯（1）	PD20040226	10%	30～40，3	5
		醚菊酯（1）	PD20083626	10%	80～100，3	7
		氰戊·敌敌畏（1）	PD20092457	20%	50～80，2	7
		氰戊·鱼藤酮（1）	PD20086352	7.50%	37.7～75，3	12
		氰戊菊酯（1）	PD85154-58	20%	30～50，1	/
		杀虫双（1）	PD84104-20	18%	15～40，4	7
		顺式氯氰菊酯（2）	PD20090568	50 克/升	12～24，3	3
		小菜蛾颗粒体病毒（1）	PD20121694	300 亿 OB/毫升	25～30，/	/
		辛硫·高氯氟（2）	PD20091366	26%	40～65，2	7
		溴氰菊酯（1）	PD20096580	25 克/升	18～27，2	7
		印楝素（1）	PD20101580	0.30%	60～90，3	/

续表

防控对象	农药类别	农药名称及登记数量	部分登记证号	总含量	施用剂量［毫升（克）/亩］，每季最大使用次数（次）	安全间隔期（天）
小菜蛾	杀虫剂	茚虫威（1）	PD20060019	150 克 / 升	10 ～ 18，3	3
		粘颗·苏云菌（1）	PD20150322	100 亿个芽孢 / 克	40 ～ 80，/	7
	杀螨剂/杀虫剂	阿维·氯氰（2）	PD20084149	2.10%	50 ～ 70，2	5
		阿维·苏云菌（1）	PD20083433	/	/，2	3 ～ 7
	昆虫生长调节剂	高氯·氟啶脲（1）	PD20093160	5%	60 ～ 80，3	15
斜纹夜蛾	杀虫剂	敌百虫（2）	PD20083994	80%	85 ～ 100，2	7
		短稳杆菌（1）	PD20130365	100 亿个孢子 / 毫升	800 ～ 1 000 倍液，/	/
		氟啶·斜纹核（1）	PD20170469	6 亿 PIB/ 毫升	40 ～ 70，2	/
		高氯·甲维盐（1）	PD20093968	2%	40 ～ 60，3	7
		溴氰菊酯（1）	PD20080289	25 克 / 升	20 ～ 40，3	2
		高氯·斜夜核（1）	PD20097660	/	75 ～ 100，3	7
		斜纹夜蛾核型多角体病毒（1）	PD20096742	10 亿 PIB/ 克	40 ～ 50，/	/
	昆虫性信息素	斜纹夜蛾性信息素（1）	PD20211891	3.3 毫克 / 个	1 ～ 3 个挥散芯 / 亩，/	/
甜菜夜蛾	杀虫剂	阿维·高氯（1）	PD20094044	3%	/，3	3
		阿维·灭幼脲（1）	PD20092808	20%	80 ～ 120，1	7
		阿维·苏云菌（1）	PD20090783	/	200 ～ 300，1	7
		虫酰肼（21）	PD20083779	20%	83 ～ 100，3	7
		敌敌畏（1）	PD20096286	50%	/，2	7
		高氯·氟铃脲（1）	PD20092894	5%	30 ～ 60，2	7
		高氯·马（1）	PD20091732	20%	30 ～ 50，2	10
		甲维盐·氯氰（2）	PD20093459	3.20%	40 ～ 60，2	3
		氯氰菊酯（1）	PD20050029	5%	25 ～ 50，3	5
		醚菊酯（1）	PD20083626	10%	80 ～ 100，3	7

防控对象	农药类别	农药名称及登记数量	部分登记证号	总含量	施用剂量[毫升（克）/亩]，每季最大使用次数（次）	安全间隔期（天）
甜菜夜蛾	杀虫剂	苜核·苏云菌（1）	PD20097412	/	75～100，/	/
		苜蓿银纹夜蛾核型多角体病毒（3）	PD20130734	10亿PIB/毫升	100～130，2	/
		甜菜夜蛾核型多角体病毒（3）	PD20130186	300亿PIB/克	2～5，/	/
		甜核·苏云菌（1）	PD20086027	16 000 IU/毫克，1万PIB/毫克	75～100，/	/
		茚虫威（1）	PD20060019	150克/升	10～18，3	3
	昆虫生长调节剂	高氯·氟啶脲（1）	PD20093160	5%	50～70，3	15
美洲斑潜蝇	杀虫剂	高效氯氰菊酯（1）	PD20040242	4.50%	40～50，3	7
		辛硫·氟氯氰（1）	PD20090133	30%	30～45，2	14
白粉虱	杀虫剂	啶虫·辛硫磷（1）	PD20083096	20%	30～50，2	7
蚜虫	杀虫剂	桉油精（1）	PD20101270	5%	70～100，2	7
		倍硫磷（1）	PD20092618	50%	40～60，2	10
		吡虫·辛硫磷（1）	PD20096236	25%	15～25，2	7
		吡虫啉（7）	PD20092200	480克/升	2～4，2	7
		虫菊·苦参碱（1）	PD20170093	1.80%	40～50，/	/
		除虫菊素（1）	PD20098425	1.50%	120～180，3	2
		哒嗪硫磷（1）	PD85139	20%	500～1 000倍液，/	/
		啶虫脒（5）	PD20091056	10%	12～15，2	5
		高氯·吡虫啉（1）	PD20040694	3%	40～60，2	7
		高氯·啶虫脒（1）	PD20094869	5%	40～50，2	7
		高氯·马（1）	PD20090069	24%	30～40，2	7
		高氯·辛硫磷（2）	PD20085575	20%	50～75，3	14
		高效反式氯氰菊酯（1）	PD20040182	5%	40～60，2	14
		高效氯氟氰菊酯（10）	PD20083189	25克/升	20～30，3	7

防控对象	农药类别	农药名称及登记数量	部分登记证号	总含量	施用剂量[毫升（克）/亩]，每季最大使用次数（次）	安全间隔期（天）
蚜虫	杀虫剂	高效氯氰菊酯（4）	PD20040158	3%	25～33，2	7
		zeta-氯氰菊酯（1）	PD20060031	181克/升	17～22，3	5
		氯氰菊酯（2）	PD20093187	10%	20～40，3	5
		抗蚜威（1）	PD20092375	25%	20～36，3	14
		苦参碱（1）	PD20101866	0.30%	167～200，1	7
		苦参提取物（1）	PD20101319	0.30%	168～192，2	2
		氯菊酯（1）	PD20094045	10%	10～15，3	4
		氯菊酯（1）	PD86138	10%	4 000～10 000倍液，3	2
		氯氰·吡虫啉（2）	PD20040545	5%	30～40，2	7
		氯氰·敌敌畏（4）	PD20093900	10%	40～50，2	7
		氯氰·辛硫磷（1）	PD20091463	20%	50～75，3	14
		马拉硫磷（10）	PD20093871	45%	60～100，2	10
		氰戊·马拉松（9）	PD20093412	20%	50～70，3	12
		氰戊·杀螟松（1）	PD20085333	20%	30～50，/	/
		氰戊·辛硫磷（2）	PD20085178	25%	30～50，3	14
		氰戊菊酯（36）	PD20097295	20%	30～40，3	5～12
		顺式氯氰菊酯（1）	PD20040305	50克/升	20～30，3	5
		辛硫·氟氯氰（1）	PD20090133	30%	30～45，2	14
		辛硫磷（1）	PD20082035	40%	40～50，3	14
		溴氰·敌敌畏（1）	PD20086148	18%	30～40，2	7
		溴氰·马拉松（1）	PD20090615	10%	12.5～25，2	10
		溴氰·仲丁威（1）	PD20094512	2.50%	30～40，2	14
		杀虫双（1）	PD84104-20	18%	5～27，4	7
		鱼藤酮（2）	PD20092307	4%	/	/
黄条跳甲	杀虫剂	敌畏·马（4）	PD20092049	50%	60～80，1	8
		氯氰·敌敌畏（4）	PD20096874	20%	60～83.3，2	7
		马拉硫磷（22）	PD20100178	45%	80～110，2	7
		溴氰菊酯（1）	PD20080289	25克/升	20～40，3	2

续表

防控对象	农药类别	农药名称及登记数量	部分登记证号	总含量	施用剂量［毫升（克）/亩］，每季最大使用次数（次）	安全间隔期（天）
蛞蝓	杀螺剂	四聚乙醛（1）	PD394-2003	6%	400～544，/	/
蛴螬等地下害虫	杀虫剂	辛硫磷（1）	PD20084002	3%	4 000～8 333，1	/
多种害虫	杀虫剂	杀虫双（16）	PD84104-16	18%	200～250，3	15
多种病害	杀菌剂	代森锌（4）	PD84116-8	80%	80～100，/	7
		甲基硫菌灵（2）	PD86116	36%	400～1 200倍液，1	14
霜霉病	杀菌剂	百菌清（9）	PD86180-6	75%	113～153，2	7
		三乙膦酸铝（4）	PD20097000	40%	235～470，/	/
白粉病	杀菌剂	百菌清（9）	PD86180-6	75%	113～153，2	7
增产	植物生长调节剂	复硝酚钾（1）	PD20101778	2%	2 000～3 000倍液，2	5
杂草	除草剂	草铵膦（1）	PD20096847	18%	150～250，/	/
	除草剂	敌草快（1）	PD20121931	200克/升	200～300，/	/

第三节 风险防控技术

一、主要虫害及其防治

目前已报道的普通白菜上虫害有小菜蛾、菜粉蝶（菜青虫）、黄条跳甲、蚜虫、甜菜夜蛾、斜纹夜蛾、斑潜蝇、蜗牛等。危害部位均为叶片，危害症状为蚕食叶片成孔洞或缺刻，但又有所区别。例如，菜青虫一般从叶边缘蚕食；小菜蛾幼虫仅取食叶肉，留下表皮，在菜叶上形成一个个透明的斑，严重时全叶被吃成网状，黄条跳甲一般在叶片中间留下孔洞。虫害的防治以农业防治、物理防治、生物防治为主，科学合理使用高效、低毒化学农药。以下着重介绍普通白菜生产中发生严重且防治难度大的小菜蛾、菜青虫、黄条跳甲和蜗牛等主要虫害的发生规律、危害特点及防治措施。

（一）小菜蛾

1. 发生规律与危害特点

小菜蛾的发生呈现双峰型，分别为 4—6 月、9—11 月，其中 5—6 月危害最重。卵多数散产于作物叶背近叶脉的凹陷处，少数在叶片正面和叶柄上。初龄幼虫有半潜叶钻食叶肉的危害习性，2 龄以上幼虫主要取食叶肉，残剩表皮，造成叶片"开天窗"。低、高龄幼虫喜在寄主的心叶或叶背危害，遇惊动活跃、吐丝逃避。苗期受害可引起毁苗、生长后期严重受害可引发软腐病等，造成大幅减产。

2. 防治措施

农业防治。收获后及时翻耕灭茬，防止虫源在收获后的残菜叶上繁殖，减少田间虫口基数，并尽量避免十字花科蔬菜作物周年连作栽培。合理利用小菜蛾怕雨水的特点，在干旱时改浇水灌溉为喷灌，通过人工造雨措施减轻小菜蛾的危害。

物理防治。小菜蛾成虫有趋光性，可安装杀虫灯（露地种植每盏频振式杀虫灯控害面积 24～37.5 亩，挂置高度为灯体底部距离地面 100～120 厘米。大棚种植每盏频振式杀虫灯控害面积小于 22.5 亩，挂置高度为灯体底部距离地面 150 厘米进行诱杀。设施栽培的十字花科蔬菜可选用 40 目防虫网，能够有效阻隔小菜蛾的侵入。

生物防治。小菜蛾的性诱技术比较成熟，4 月初，在田间放置小菜蛾迷向型诱芯或性引诱剂（每亩设置 8～10 个诱捕器，诱捕器底部一般应靠近作物顶部，距离顶部 10 厘米左右），干扰小菜蛾成虫的交配，以减少田间卵量。在幼虫卵孵化盛期，可选用生物农药苏云金杆菌。

化学防治。在幼虫卵孵化盛期至 1、2 龄幼虫高峰期，可选用阿维·高氯、阿维·溴氰、阿维菌素、甲氨基阿维菌素苯甲酸盐、甲维·丁醚脲、甲维·苏云菌、甲维·茚虫威、氯虫·噻虫嗪、球孢白僵菌、苏云金杆菌、溴氰虫酰胺、茚虫威等均匀喷雾；在小菜蛾世代重叠严重时，建议优先使用茚虫威防治，然后选用生物农药防治。小菜蛾有很强的抗药性，注意交替用药，并且严格执行安全间隔期。

（二）菜粉蝶（菜青虫）

1. 发生规律与危害特点

菜粉蝶（菜青虫）是危害十字花科蔬菜生产最严重的害虫之一。菜粉蝶（菜青虫）的发生呈现双峰形，分别为 3—6 月、9—11 月。菜粉蝶很好辨识，翅正反面都为白色，有一两个黑斑，前翅顶角为黑色。菜粉蝶成虫依靠十字花科蔬菜特有的挥发性芥子油气味找到寄主，产下粒长椭圆形的卵，幼虫孵化出来后，会把卵先吃掉。菜粉蝶幼虫俗称菜青虫，通体绿色，背线和气门线为黄色，全身密布很多小黑点和绒毛。菜青虫一般从叶边缘蚕食；小菜蛾幼虫仅取食叶肉，留下表皮，在菜叶上形成一个个透明的斑，严重时全叶被吃成网状。

2. 防治措施

农业防治。同小菜蛾。

生物防治。采用茧蜂、寄蝇等天敌的方法实现"以虫治虫"的绿色防控。虫量较少时，选用苏云金杆菌、苦参碱等生物农药进行防治。

化学防治。菜青虫世代重叠现象严重，3龄以后的幼虫食量加大、耐药性增强。因此，施药应在幼虫1～2龄盛期，于早晨或傍晚施药。选用阿维·高氯、阿维·杀虫单、丁醚脲、二嗪磷、高效氯氟氰菊酯、甲维·氟酰胺、溴氰·马拉松、溴氰虫酰胺、溴氰菊酯、敌百虫、敌敌畏、氟啶脲等进行防治。

（三）黄条跳甲

1. 发生规律与危害特点

黄条跳甲是寡食性害虫，主要危害十字花科蔬菜。3月中下旬开始活动取食，幼虫在土中啃食菜根，严重时造成死苗；成虫在地面上危害叶片，使菜叶上形成孔洞从而影响商品性。11月中下月开始在过冬作物或田边杂草中越冬。

2. 防治措施

农业防治。清洁田园，铲除杂草，清除菜地残株落叶，消除其越冬场所和食物来源，压低虫源。合理轮作，利用黄条跳甲寡食性的特点，建议与非十字花科蔬菜轮作，可明显减轻危害。换茬期间翻耕晒土。灌水闷棚，对虫情发生重的田块，可灌水深3～5厘米，保持7天左右，淹毙土中的虫卵。推行地面覆膜栽培，阻止成虫在土中产卵和蛹羽化为成虫。

物理防治。设施栽培的蔬菜，可安装40目防虫网，能够有效阻隔成虫侵入。最好在大棚四周用废旧农膜围高30～50厘米的防虫围栏，防止周边的成虫跳入棚内。利用黄条跳甲的趋黄性，使用黄板+跳甲诱芯（25厘米×30厘米中型黄板30～40片，跳甲诱芯粘在黄板上近中心处），黄板底边与作物顶部持平或略高5厘米。

生物防治。卵孵化盛期至低龄幼虫期，选用生物农药。

化学防治。可选用虫螨腈·啶虫脒、哒螨灵、苦皮藤素、联苯·噻虫啉、氯虫·噻虫嗪、苏云金杆菌G033A、溴氰虫酰胺等农药进行防治。

（四）蜗牛

1. 发生规律与危害特点

蜗牛是多食性软体动物，危害多种蔬菜。以4—6月、9—10月为盛发期，多雨季节严重。蜗牛喜温暖潮湿的环境，白天多潜伏于阴凉土表或作物叶背，夜间活动，取食植物嫩茎和叶片，阴雨天气昼夜均可取食，近水源或杂草多的潮湿地块发生严重，作物苗期危害重。

2. 防治措施

农业防治。使用地膜覆盖栽培，及时清洁田园、铲除杂草、排干积水。秋季耕翻，消灭虫源；可在沟边、地头或作物行间撒石灰隔离带，每亩用生石灰5.0～7.5千克；也可撒施茶枯粉，有很好的触杀效果。石灰粉和茶枯粉使用时都要注意避水。

物理防治。用树叶、杂草、菜叶等在田间做诱集堆，天亮前集中捕捉。

化学防治。将聚醛·甲萘威、四聚·杀螺胺、四聚乙醛等农药撒施于作物根基部，也可以撒施在大棚、水沟周围等蜗牛易于接触处。蜗牛一般昼伏夜出，所以傍晚施药效果好。

（五）斜纹夜蛾、甜菜夜蛾

1. 发生规律与危害特点

斜纹夜蛾和甜菜夜蛾均属鳞翅目夜蛾科昆虫，是十字花科蔬菜的主要害虫。甜菜夜蛾最高峰值出现在4—6月，斜纹夜蛾在3—6月出现小高峰期，7—10月出现大高峰期。

甜菜夜蛾和斜纹夜蛾常在十字花科蔬菜上混合发生，加之设施农业的发展为两种害虫提供了寄主和越冬场所，导致两种害虫在局部菜田频繁暴发，上述两种夜蛾发生代次多，世代重叠，暴发性强，危害大。

2. 防治措施

农业防治。在化蛹高峰期，灌水灭蛹。清除田间及地边杂草，人工摘除卵块。

物理防治。灯光诱杀和防虫网（参见小菜蛾）；虫害发生早期或虫口密度较低时连续使用食诱剂诱杀。

生物防治。性信息素诱杀，每亩安装1～2套诱捕器，高度为距离蔬菜20～30厘米，每30天更换1次诱芯。

化学防治。选用溴氰虫酰胺、虫螨腈、氟啶脲、虫螨腈·氯虫苯甲酰胺、高效氯氟氰菊酯、甲氨基阿维菌素苯甲酸盐、甲维·虫螨腈、苏云金杆菌G033A、氟啶脲等药剂进行防治，注意轮换使用。

二、主要病害及其防治

目前已报道的普通白菜主要病害有霜霉病、根肿病、白斑病、软腐病、黑斑病、黑腐病、病毒病等。

（一）霜霉病

1. 发生规律与危害特点

通常在忽暖忽寒、多雨高湿的天气条件下易发生流行，病害症状为叶面出现不规则块状黄褐色枯斑，相应的叶背出现稀疏白霉病征（孢囊梗与孢子囊），严重时病斑连合为大小不等的斑块，致叶片干枯。该病原菌是专性寄生菌，只能在寄主植物活体上生活。一般由气流携带孢子囊进行远距离传播，随雨水飞溅、甲虫爬行、人为活动等进行近距离传播。在新寄主的表皮、气孔或伤口处进行侵染。侵染适温为 $15 \sim 17\,℃$。

2. 防治措施

农业防治。选用抗性品种，避免连作及不同品种、不同熟期混播混栽。深翻晒垡，深沟高畦栽培，搞好清沟沥水，降低田间湿度。合理施用氮肥，增施有机肥。收获后及时清洁田园。

化学防治。播种前用百菌清、精甲霜·锰锌等药剂拌种。发病初期及时喷药，可选用吡唑醚菌酯、嘧菌酯、霜脲·锰锌、甲霜灵、锰锌、氟菌·霜霉威等药剂。

（二）根肿病

1. 发生规律与危害特点

根肿病俗称大根病，春秋两季易发。根肿病仅危害根部，病菌休眠孢子可以在土壤中存活 $7 \sim 8$ 年，借雨水、灌溉水、地下害虫及农事操作传播，从植株根部表皮侵入，主要症状为根部肿大。病菌喜温暖潮湿的环境和 pH 值 $5.4 \sim 6.4$ 的土壤。初发病时，肿瘤表皮光滑，呈圆球形或近球形，后表皮粗糙，出现龟裂，易被其他腐生菌侵染而发出恶臭。病菌主要在根的皮层中蔓延，刺激周围组织细胞不正常分裂、肿大，形成形状和大小不同的肿瘤。根部受害后影响地上部分营养供给，生长迟缓，发病严重时出现萎蔫症状，以晴天中午明显。苗期至成株期均可染病，病菌侵入寄主 $9 \sim 10$ 天后，根部开始形成肿瘤。

2. 防治措施

农业防治。选用无病田进行育苗、定植。发生根肿病田块，选择与非十字花科蔬菜轮作。做好清园工作，换茬时及时清除病残体，特别是肿根，减少田间菌源。施用碱性物质调节土壤酸碱度。

化学防治。包括种子消毒、移栽秧苗防病处理和化学农药土壤消毒 3 方面。一是种子消毒。根肿病虽种子内部不带菌，但附在种子表面的泥土可带菌传病。用 2.5% 咯菌腈悬浮种衣剂对种子进行包衣，包衣使用剂量为 3%～4%，包衣后晾干播种。二是移栽秧苗防病处理。将秧苗用 2.5% 咯菌腈悬浮种衣剂 500 倍液浸根后移栽。三是化学农药土壤消毒。

（三）白斑病

1. 发生规律与危害特点

白斑病主要威胁对象为叶片，发病初期，叶片上会出现一些暗灰色圆形小斑点，之后逐步扩大，发展成浅灰色或白色病斑，外形呈不规则形状。在病斑外围存在很多灰褐色晕圈，边缘位置具备湿润性特点，在遇到气候潮湿天气时，病斑表面会出现很多暗灰色菌状物。随着白斑病不断发展，最终受害部位会变得更薄，接近透明状态，还会出现破裂情况。白斑病发生较重时，患病叶片会从外侧向内层干枯，呈火烤状。

2. 防治措施

农业防治。实行轮作、施用腐熟的有机肥、通风以降低湿度和清除残叶等。

化学防治。施用 687.5 克 / 升氟菌·霜霉威悬浮剂。

第十章　　茼　蒿

第一节　农药残留风险物质

按《食品安全国家标准 食品中农药残留最大残留限量》（GB 2763—2021）中的规定，本节中的茼蒿隶属蔬菜大类中的叶菜类，食用部位为嫩茎。茼蒿营养丰富、纤维少、品质优，不仅风味独特，而且容易栽培，生长快、周期短，是火锅业、快餐业等餐桌上必不可少的一道爽口菜。其价格适中，随着需求量的增加，茼蒿的栽培面积逐年增加，在气候条件适宜情况下，结合栽培技术要点，做好病虫害防治，即可获得较高的产量。

针对北京市蔬菜生产基地种植的茼蒿农药使用情况进行统计，发现共有28种农药，分别是苯醚甲环唑、吡虫啉、吡唑醚菌酯、哒螨灵、敌敌畏、啶虫脒、啶酰菌胺、多菌灵、多效唑、二甲戊灵、腐霉利、高效氯氟氰菊酯、甲氨基阿维菌素苯甲酸盐、甲霜灵、联苯菊酯、氯氰菊酯、嘧菌酯、嘧霉胺、噻虫胺、噻虫嗪、霜霉威、肟菌酯、烯酰吗啉、辛硫磷、氧乐果、异丙威、异菌脲、腈菌唑。其中限用农药1个（氧乐果），其他32种均为常规农药。

使用率较高的农药有效成分依次为：多菌灵、烯酰吗啉、氯氰菊酯、噻虫嗪、吡唑醚菌酯、苯醚甲环唑、啶虫脒和异丙威。

敌敌畏、腈菌唑和哒螨灵等6种农药在茼蒿上使用后存在超过限量值的风险（表10-1），种植者使用这几种农药时需要规范使用，腈菌唑、哒螨灵、氧乐果、噻虫嗪为非登记农药，不允许在茼蒿上使用；敌敌畏和辛硫磷需要严格遵照说明书中的施用剂量、施用次数和安全间隔期。执法部门和监管机构可将其列为重点监管的农药残留参数，提高监管的精准性，节约人力物力。

表 10-1　茼蒿农药残留风险清单

残留农药有效成分	是否登记	最大残留限量（mg/kg）
敌敌畏	是	0.02
腈菌唑	否	0.05
哒螨灵	否	2
氧乐果	否	0.02

续表

残留农药有效成分	是否登记	最大残留限量（mg/kg）
噻虫嗪	否	3
辛硫磷	是	0.05

第二节　登记农药情况

查询中国农药信息网（http：//www.chinapesticide.org.cn/），截至2024年3月7日，我国在茼蒿上登记的农药产品仅有13个，全部为单剂；共2种农药有效成分（复配视为1种有效成分），均为杀菌剂，用于防治茼蒿霜霉病。详见表10-2。啶虫·辛硫磷、百菌清、三乙膦酸铝、代森锌、甲基硫菌灵、阿维菌素、阿维·高氯、氯氰菊酯、氯氰·敌敌畏、氯氰·马拉松、高氯·辛硫磷、高效氯氟氰菊酯、马拉·高氯氟、辛硫磷、甲氰菊酯、氰戊菊酯、氰戊·马拉松、氰戊·辛硫磷、敌敌畏、吡虫啉、哒嗪硫磷、啶虫脒等登记作物为蔬菜和叶菜类蔬菜的农药也可用于茼蒿蚜虫、白粉虱、霜霉病等病虫害的防治，作为茼蒿登记农药的有效补充。

表10-2　茼蒿登记农药统计

防控对象	农药类别	农药名称及登记数量	部分登记证号	总含量	施用剂量[毫升（克）/亩]，每季最大使用次数（次）	安全间隔期（天）
霜霉病	杀菌剂	烯酰吗啉（3）	PD20082659	50%	40～56，2	5
			PD20120589	50%	40～56，2	5
			PD20142633	80%	25～35，2	5
		吡唑醚菌酯（10）	PD20183116	30%	25～33，3	10
			PD20180604	30%	25～33，3	10
			PD20180456	25%	30～40，3	10
			PD20173010	25%	30～40，3	10
			PD20170782	25%	30～40，3	10
			PD20220008	25%	30～40，3	10
			PD20170178	25%	30～40，3	10
			PD20211027	25%	30～40，3	10
			PD20160439	25%	30～40，3	10
			PD20152146	20%	37.5～50，3	10

第三节　风险防控技术

一、主要虫害及其防治

目前已报道的茼蒿上虫害有潜叶蝇、蚜虫、白粉虱等。主要危害部位均为叶片，但不同虫害的危害特征又有所区别。例如，潜叶蝇从叶片内部蚕食，基部叶片受害最严重；蚜虫和烟粉虱吸食叶片汁液，造成叶片卷缩变形。虫害的防治以农业防治、物理防治、生物防治为主，科学合理使用高效、低毒化学农药。茼蒿整个植株具有特殊的清香气味，对虫害有独特的驱避作用，因此，很少喷施农药，是理想的无公害蔬菜。以下将对茼蒿生产中普遍发生的潜叶蝇、蚜虫、白粉虱这几种虫害的发生规律、危害特点及其防治措施进行介绍。

（一）潜叶蝇

1.发生规律及危害特点

潜叶蝇在华北地区一年发生 4～5 代，以蛹越冬。5—6 月危害最重，夏季气温高危害轻，到秋季又有活动，但数量不多。成虫白天活动，吸食花蜜，交尾产卵。产卵多选择在幼嫩绿叶背面边缘的叶肉里，尤以近叶尖处最多。幼虫孵化后即蛀食叶肉，隧道随虫龄增大而加宽。幼虫 3 龄老熟，即在隧道末端化蛹。各虫态发育历期受温度影响：在 13～15℃ 时，卵期 3～4 天，幼虫期 10～11 天，蛹期 14～15 天；在 23～28℃ 时，各虫态历期相应缩短。成虫寿命一般 7～20 天，气温高时寿命 4～10 天。

潜叶蝇以幼虫潜入寄主叶片表皮下，曲折穿行，取食叶肉，造成不规则灰白色线状隧道。危害严重时，叶片上布满蛀道，尤以植株基部叶片受害最重。一张叶片常有几头到几十头幼虫，叶肉全被吃光，仅剩两层表皮，受害植株提早落叶，影响品质。

2.防治措施

农业防治。合理种植布局，将茼蒿与潜叶蝇不危害的作物进行套种或轮作；适当疏植，增加田间通透性；适时灌溉，清除杂草，消灭越冬虫源，降低虫口基数。收获后及时彻底清除田间植株残体和杂草，并深翻土壤减少虫源。

物理防治。采用灭蝇纸诱杀成虫，在成虫始盛期至盛末期，每亩置 15 个诱杀点，每个点放置 1 张诱蝇纸诱杀成虫，3～4 天更换 1 次。潜叶蝇成虫对黄色具有趋性，因此，可采用黄板诱杀。黄板规格为（25×40）平方厘米，每亩悬挂30～40 块，悬挂高度为离地面 30～40 厘米。

（二）蚜虫

1. 发生规律及危害特点

蚜虫繁殖代数多，1 年可繁殖 18～20 代。春季气温回升到 7℃左右时，在越冬寄主心叶里即开始活动，6 月中下旬，陆续产生大批有翅蚜，迁至茼蒿田。以成、若虫成群密集吸食叶片汁液，造成叶片卷缩变形，植株生长不良，并因大量排泄蜜露，引起煤污病。此外，还传播病毒病。

2. 防治措施

农业防治。蔬菜收获后，及时处理残株败叶，结合中耕打去老叶、黄叶，剪去病虫叶，并立即清出田间加以处理，可消灭部分菜蚜。菜田夹种玉米，以玉米作屏障阻挡有翅蚜迁入繁殖危害，可减轻和推迟病虫害的发生。

物理防治。根据蚜虫对银灰色的负趋性和对黄色的正趋性，采用银灰膜避蚜防病和黄板诱杀。

生物防治。保护利用天敌。菜田有多种天敌对蚜虫有显著的抑制作用，在喷药时要选用对天敌杀伤力较小的农药，使田间天敌数量保持在总蚜量的 1% 以上。保护地在蚜虫发生初期释放烟蚜茧蜂，有一定的控制效果。

（三）白粉虱

1. 发生规律及危害特点

在北方温室 1 年可发生十余代，可周年发生，以成虫、幼虫、卵、蛹 4 种状态栖于叶背，数量多且世代重叠。冬季以各种虫态在保护地内危害，春季扩散到露地，9 月以后迁回到保护地内。为刺吸性害虫，危害严重。白粉虱繁殖能力强、速度快，种群数量庞大，群聚危害。成虫和若虫群集在叶背面吸食植物汁液，被危害叶片褪绿、变黄、萎蔫，甚至全株枯死。成虫分泌大量蜜液污染叶片，引发污煤病。

2. 防治措施

农业防治。培育无虫苗。把苗床和生产温室分开，培育无虫苗。合理轮作。种植白粉虱不喜食的作物，避免与危害严重的作物如黄瓜混栽。清除杂草残株。做好中耕除草等田间管理工作，生产中打下的枝杈、枯叶及时处理，深埋或烧毁。拔除病苗弱苗，加强肥水管理，提高植株的抗病虫能力。

物理防治。利用白粉虱对黄色的强烈趋性，进行黄板诱杀。

生物防治。利用草蛉、蚜小蜂等进行生物防治，减少白粉虱危害。以菌治虫：利用白僵菌、轮枝菌侵染白粉虱，实现以菌治虫。

二、主要病害及其防治

目前已报道的茼蒿病害有叶枯病、霜霉病、褐斑病、炭疽病等。病害应以预防为主，应采用加强田间管理、搞好田园清洁，选用抗病品种等综合措施，创造良好的生长环境，促进植株健康生长，降低病发生率。化学防治应选用高效、低毒、低残留农药，减少农药施用量，维护生态平衡。以下将着重介绍几种病害的发生规律、危害特点及其防治措施。

（一）叶枯病

1. 发生规律及危害特点

茼蒿叶枯病仅危害叶片。叶片染病，发病初始产生暗褐色小斑，扩大后为圆形或不规则形，直径 3～5 毫米不等，灰褐色，病部明显凹陷，病斑边缘褐色，中央淡灰色；田间潮湿时，病部表面生有黑色霉状物，即病菌的分生孢子梗及分生孢子；发病严重时，多个病斑相互连接成片，形成大型病斑，使叶片枯死。病菌以菌丝体及分孢盘在病株上或随病残体遗落在土壤中越冬，以分生孢子作为初侵与再侵接种体，借助气流传播入侵致病。温暖潮湿，多雾露的天气有利于发病。大叶茼蒿比小叶茼蒿较多发病。

2. 防治措施

农业防治。茬口轮作，发病地块提倡与其他蔬菜实行轮作；加强田间管理，深沟高畦栽培，适时播种，适当密植，合理施肥，雨后及时清理沟系；清洁田园，收获后及时清除病残体，深翻土壤，加速病残体的腐烂分解。

（二）霜霉病

1. 发病规律及危害特点

该病为真菌性病害。主要危害叶片，苗期和成株期均可发生，使叶片变黄枯萎，严重减产。病害发生初期，先在植株下部老叶上产生淡黄色近圆形或多角形病斑，逐渐向中上部蔓延，后期病斑变为黄褐色，病重时多数病斑连成一片，叶片发黄枯死。空气湿度大时，病斑背面产生白色霉层，即病原菌的孢子梗及孢子囊。

致病的病菌以菌丝体随病株残余组织遗留在田间越冬。翌年春，在环境条件适宜时，菌丝体产生的孢子囊，通过气流和雨水反溅传播至茼蒿叶片上，在寄主叶片上产生游动孢子或芽管，从气孔或表皮直接侵入，引起初次侵染。并在受害部位产生新生代孢子囊，随风雨传播，引起多次再侵染。病菌喜温暖潮湿的环境，适宜发病的温度范围 5～25℃；最适发病环境温度为 10～22℃，相对湿度 90% 以上；最适染病生育期在成株期至采收期。发病潜育期 3～10 天。

2. 防治措施

农业防治。选用抗病品种；增施充分腐熟有机肥；轮作倒茬，合理密植；加强栽培管理，浇灌时不宜大水漫灌，大雨过后，及时排水，降低田间湿度。

化学防治。茼蒿霜霉病发病初期选用烯酰吗啉、吡唑醚菌酯等化学药剂进行防治。

（三）褐斑病

1. 发病规律及危害特点

此病在茼蒿整个生育期均能发生，以生长中后期发病重。主要危害叶片，病斑圆形至椭圆形，有时不规则，病斑中央灰白色，边缘黄褐至褐色，有的病斑颜色由外向内深浅交替，略显宽轮纹状。空气湿度高时病斑正背面均产生灰黑色霉状物，即病菌分生孢子梗和分生孢子。后期病斑相互连接成片，致叶片枯死。严重时全株发病，较短时期内病株枯死。病菌主要以菌丝体和分生孢子器随病残体遗落土中越冬。翌年以分生孢子初侵染和再侵染，靠雨水传播蔓延。温暖多湿天气有利于其发生与蔓延。

2.防治措施

农业防治。收获后彻底清除病残落叶，重病地区实行与非菊科蔬菜轮作。发病期保护地种植应注意通风排湿。

（四）炭疽病

1.发病规律及危害特点

茼蒿炭疽病主要危害叶片和茎。叶片染病初生黄白色至黄褐色小斑点，后扩展为不定形或近圆形褐斑，边缘稍隆起，大小 2～5 毫米；茎染病初生黄褐色小斑，后扩展为长条形或椭圆形稍凹陷的褐斑，病斑绕茎 1 周后，病茎褐变收缩，致病部以上或全株枯死，湿度大时。病部溢出红褐色液，即病原菌的分泌物。

病菌以菌丝体和分生孢子盘在病残体上存活越冬，条件适宜时产生分生孢子进行初侵染和再侵染，借雨水溅射及小昆虫活动传播蔓延。在南方田间菊科蔬菜及花卉周年存在，病菌在寄主作物间辗转传播危害，无明显的越冬期。病菌喜高温、高湿环境，发病最适宜气候条件为温度 25～30℃，相对湿度 85% 以上。通常温暖多湿的天气及生态环境，有利该病发生流行。年度间梅雨期间高温多雨、夏季高温多雨的年份发病重，种植密度大，施氮肥过多过重，植株长势过旺或反季节栽培发病重，地势低洼、排水不良、棚内高温多湿、通风不良的田块发病重。

2.防治措施

农业防治。选抗病品种；茼蒿生长期间可以和非菊科蔬菜实行 2～3 年轮作；清沟沥水，做好排水的措施，防止大水漫灌；施用腐熟的堆肥，避免偏施、过施氮肥；保持通风，降低湿度；及时修剪病枝，集中烧毁；疏松土壤，及时除草，减少病菌蔓延。

第十一章　生　菜

第一节　农药残留风险物质

生菜又名莴苣，是菊科莴苣属一年生或二年生草本植物，原产于地中海沿岸，传入中国的历史悠久。生菜属于叶菜类蔬菜，耐寒，不耐高温，是春季与冬季主要的蔬菜之一，有较高的药用价值与膳食价值。生菜生长过程中常见病虫害主要包括软腐病、霜霉病、炭疽病、虫害（如蚜虫、小菜蛾等）。在病虫害防治过程中，应遵循"预防为主、综合防治"的原则，从源头上减少病虫害的发生。

针对北京市蔬菜生产基地种植的生菜农药使用情况进行统计，发现共有25种农药，分别是吡虫啉、啶酰菌胺、腐霉利、苯醚甲环唑、嘧菌酯、吡唑醚菌酯、霜霉威、氧乐果、啶虫脒、噻虫嗪、烯酰吗啉、甲霜灵、氯氰菊酯、多菌灵、嘧菌酯、灭蝇胺、氯虫苯甲酰胺、异丙威、多效唑、灭幼脲、戊唑醇、辛硫磷、虫螨腈、哒螨灵、噻虫胺。其中限用农药1个（氧乐果），其他24种均为常规农药。

使用率较高的农药有效成分依次为：吡虫啉、噻虫嗪、吡唑醚菌酯、啶虫脒、啶酰菌胺、烯酰吗啉、氯氰菊酯、多菌灵、灭幼脲和噻虫胺。

吡唑醚菌酯、氧乐果和辛硫磷等5种农药在生菜上使用后存在超过限量值的风险（表11-1），种植者使用这几种农药时需要规范使用，吡唑醚菌酯、氧乐果和甲霜灵为非登记农药，不允许使用；辛硫磷和氯氰菊酯需要严格遵照说明书中的施用剂量、施用次数和安全间隔期。执法部门和监管机构可将其列为重点监管的农药残留参数，提高监管的精准性，节约人力物力。

表 11-1　生菜农药残留风险清单

残留农药有效成分	是否登记	最大残留限量（mg/kg）
吡唑醚菌酯	否	2
氧乐果	否	0.02
辛硫磷	是	0.05
氯氰菊酯	是	2
甲霜灵	否	2

第二节　登记农药情况

查询中国农药信息网（http://www.chinapesticide.org.cn/），截至2024年3月7日，我国在生菜上登记使用的农药产品共有20个，包括单剂18个，混剂2个；共6种农药有效成分（复配视为1种有效成分），其中杀虫剂2种、杀菌剂4种详见表11-2。用于防治生菜软腐病、霜霉病、炭疽病、小菜蛾、蚜虫等5种病虫害。啶虫·辛硫磷、百菌清、三乙膦酸铝、代森锌、甲基硫菌灵、阿维菌素、阿维·高氯、氯氰菊酯、氯氰·敌敌畏、氯氰·马拉松、高氯·辛硫磷、高效氯氟氰菊酯、马拉·高氯氟、辛硫·高氯氟、甲氰菊酯、氰戊菊酯、氰戊·马拉松、氰戊·辛硫磷、敌敌畏、吡虫啉、哒嗪硫磷、啶虫脒等登记作物为蔬菜和叶菜类蔬菜的农药也可用于生菜蚜虫、菜青虫、蛴螬、霜霉病等病虫害的防治，作为生菜登记农药的有效补充。

表 11-2　生菜登记农药统计

防控对象	农药类别	农药名称及登记数量	部分登记证号	总含量	施用剂量[毫升（克）/亩]，每季最大使用次数（次）	安全间隔期（天）
软腐病	杀菌剂	寡糖·噻霉酮(1)	PD20181445	5%	30～50，2	5
霜霉病	杀菌剂	吡唑醚菌酯(6)	PD20180604	30%	25～33，3	10
			PD20180456	25%	30～40，3	10
			PD20173010	25%	30～40，3	10
			PD20160439	25%	30～40，3	10
			PD20172582	25%	30～40，3	10
			PD20152146	20%	37.5～50，3	10
		烯酰吗啉（1）	PD20142633	80%	25～35，3	10
炭疽病	杀菌剂	吡唑·甲硫灵(1)	PD20183372	23%	100～150，3	7
小菜蛾	杀虫剂	茚虫威（3）	PD20140304	150克/升	10～12，1	3
			PD20152261	15%	10～12，1	3
			PD20142502	15%	10～12，1	3

防控对象	农药类别	农药名称及登记数量	部分登记证号	总含量	施用剂量[毫升（克）/亩]，每季最大使用次数（次）	安全间隔期（天）
蚜虫	杀虫剂	吡蚜酮（8）	PD20141515	25%	16～24，1	10
			PD20141432	25%	16～24，1	10
			PD20141101	25%	16～24，1	10
			PD20130338	25%	16～24，1	10
			PD20171055	25%	16～24，1	10
			PD20150443	25%	16～24，1	10
			PD20141748	25%	16～24，1	10
			PD20140292	25%	16～24，/	/

第三节　风险防控技术

一、主要虫害及其防治

目前已报道的生菜上虫害有潜叶蝇、莴苣冬夜蛾、蚜虫、斑潜蝇、菜粉蝶（菜青虫）、金针虫、蛴螬等。以下对潜叶蝇、莴苣冬夜蛾和蚜虫加以重点介绍。

（一）潜叶蝇

1. 发生规律与危害特点

生菜潜叶蝇属双翅目、花蝇科。其成虫体长4～6毫米，呈灰褐色，腿、胫节呈灰黄色，跗节呈黑色。卵白色，椭圆形。成熟幼虫长约7.5毫米，有皱纹，呈污黄色。蛹椭圆形，呈浅黄褐色到暗褐色。生菜潜叶蝇幼虫在叶内取食叶肉，形成较宽的蛇形隧道，仅留上下表皮，隧道内有虫粪，导致生菜失去商品价值。

2. 防治措施

生物防治。在温室大棚内释放姬小蜂、潜蝇茧蜂等寄生蜂。

物理防治。在温室大棚内悬挂黄板诱杀成虫。

化学防治。可通过喷施氰戊菊酯、辛硫磷、吡虫啉等进行防治。

（二）莴苣冬夜蛾

1. 发生规律与危害特点

莴苣冬夜蛾属鳞翅目，夜蛾科，主要危害莴苣。莴苣冬夜蛾蛹长23毫米左右，呈红褐色；末龄幼虫体长 45 毫米左右，头盖缝呈灰白色，气门线、背线呈黄色，各体节两侧在两线之间各具近棱形大黑斑 1 个，斑外有浅黄色环，各节间生哑铃状黑斑，腹面黑色，节间也有黑黄相间点块，围气门片、气门筛黑色，气门后具小黑点 1 个，胸足及腹足基部黑色；成虫体长 20 毫米左右，翅展 46 毫米左右，头部、胸部呈灰色，颈板近基部生黑横线 1 条，腹部呈褐灰色，前翅呈灰色，翅脉呈黑色；其卵为半圆形，有纵棱及横道，呈乳白色至浅黄色。莴苣冬夜蛾以幼虫啃食莴苣、生菜的嫩叶及花器形成危害，被啃食过的生菜商品价值较低。

2. 防治措施

农业防治。人工捕杀幼虫。清除田间及地边杂草，灭卵及初孵幼虫。利用成虫产卵成块，初孵幼虫群集危害的特点，结合田间管理进行人工摘卵和消灭集中危害的幼虫。

物理防治。利用成虫的趋光性、趋化性进行诱杀。采用黑光灯、频振式灯诱蛾。

化学防治。可选用辛硫磷、茚虫威等进行防治。

（三）蚜虫

1. 发生规律与危害特点

危害生菜的蚜虫大多为莴苣指管蚜。莴苣指管蚜属同翅目，蚜科。无翅孤雌蚜体长约 3.3 毫米，宽约 1.4 毫米，体呈土黄色或红黄褐色至紫红色，头顶骨化呈深色，腹部毛基斑呈黑色，体表光滑，背毛粗短；触角和喙细长，腹管为长管状；尾片色浅，为长锥形。无翅胎生雌蚜的头、胸呈黑色，腹部色浅。莴苣指管蚜喜欢群集于生菜的嫩梢、花序及叶片反面吸食汁液，传播病毒病等。

2. 防治措施

生物防治。在温室大棚内释放蚜茧蜂、跳小蜂等寄生蜂。

物理防治。在温室大棚内悬挂黄板诱杀成虫。

化学防治。可选用氟啶·啶虫脒、吡虫啉、吡蚜酮等进行防治。

二、主要病害及其防治

目前已报道的生菜主要病害有生菜软腐病、霜霉病、生菜灰霉病、茎基腐病、褐斑病等。以下重点介绍前 3 种病害。

（一）生菜软腐病

1. 发生规律与危害特点

生菜软腐病是由胡萝卜软腐欧氏杆菌胡萝卜软腐亚种侵染引发的一种细菌性病害，在生菜生长的中后期发生，病原侵染很快，基部的叶片发病较多。病原主要从植株基部叶片的伤口侵入，发病叶片初期呈水渍状，后变褐变软，叶片腐烂，发出恶臭气味。发病植株白天萎蔫，傍晚恢复正常，严重时不能恢复。在干燥条件下，腐烂的病叶失水变干呈薄纸状。温度在 2～40℃ 都可发病，温室温度升高、空气相对湿度增大时发病加重。

2. 防治措施

物理防治。病初期，需及时清除病株，并深埋或烧毁，以减少病原菌的传播。合理施肥，避免过量施用氮肥，保持土壤肥力平衡。加强田间管理，保持土壤湿润，避免积水，同时注意通风透光，降低棚内湿度。

化学防治。可选用寡糖·噻霉酮等进行防治。

（二）霜霉病

1. 发生规律与危害特点

生菜霜霉病是由莴苣盘梗霉侵染引发的真菌性病害，主要危害叶片，从植株下部叶片开始，叶片上呈多角形浅黄色病斑，开始病斑数量较少，后期叶片病斑增多，较大病斑呈深褐色，背面生白色霉状物，严重时白色霉状物覆盖整个叶背，致使叶片枯黄而死。病原菌在低温高湿环境易发病，1～25℃ 均能发病，温度为 15～20℃ 且空气相对湿度为 95% 时发病最严重，发病潜育期 3～7 天。

2. 防治措施

农业防治。选用抗病品种，加强品种筛选和更新。合理种植密度，保持田间通风透光。及时清除病叶，减少病原菌的传播。

化学防治。可选用吡唑醚菌酯、烯酰吗啉等进行防治。

（三）生菜灰霉病

1. 发生规律与危害特点

生菜灰霉病是由灰葡萄孢侵染引发的一种真菌性病害，叶片上最初呈现"V"形淡褐色水浸状病斑，后扩大呈现灰褐色病斑，空气潮湿时病部表面上产生厚密的灰色霉层，即病菌的分生孢子梗和分生孢子。生菜灰霉病在 5～31℃ 条件下均可发病，温度为 20～25℃ 且空气相对湿度 ≥90% 时发病严重。

2. 防治措施

农业防治。播种前对苗床和种子进行严格的消毒处理，选用壮苗，剔除病弱苗。合理轮作，冬季栽培时注意通风排湿，浇水后闷棚升温，然后通风换气，有效降低棚内空气相对湿度。

化学防治。可选用百菌清等进行防治。

附录 1 绿色食品生产允许使用的农药清单

农业行业标准《绿色食品—农药使用准则》（NY/T 393—2020）规定了绿色食品生产和储运中的有害生物防治原则、农药选用、农药使用规范和绿色食品农药残留要求，本附录只收录允许使用农药清单。与 NY/T 393—2013 相比，NY/T 393-2020 在 AA 级和 A 级绿色食品生产均允许使用的农药清单中，删除了（硫酸）链霉素，增加了具有诱杀作用的植物（如香根草等）、烯腺嘌呤和松脂酸钠。在 A 级绿色食品生产允许使用的其他农药清单中：删除了 7 种杀虫杀螨剂（S-氰戊菊酯、丙溴磷、毒死蜱、联苯菊酯、氯氟氰菊酯、氯菊酯和氯氰菊酯），1 种杀菌剂（甲霜灵），12 种除草剂（草甘膦、敌草隆、噁草酮、二氯喹啉酸、禾草丹、禾草敌、西玛津、野麦畏、乙草胺、异丙甲草胺、莠灭净和仲丁灵）及 2 种植物生长调节剂（多效唑和噻苯隆）；增加了 9 种杀虫杀螨剂（虫螨腈、氟啶虫胺腈、甲氧虫酰肼、硫酰氟、氰氟虫腙、杀虫双、杀铃脲、虱螨脲和溴氰虫酰胺），16 种杀菌剂（苯醚甲环唑、稻瘟灵、噁唑菌酮、氟吡菌酰胺、氟硅唑、氟吗啉、氟酰胺、氟唑环菌胺、喹啉铜、嘧菌环胺、氰氨化钙、噻呋酰胺、噻唑锌、三环唑、肟菌酯和烯肟菌胺），7 种除草剂（苄嘧磺隆、丙草胺、丙炔噁草酮、精异丙甲草胺、双草醚、五氟磺草胺、酰嘧磺隆）及 1 种植物生长调节剂（1-甲基环丙烯）。今后国家新禁用或列入《限制使用农药名录》的农药，将自动从清单中删除。具体如下。

一、AA 级和 A 级绿色食品生产均允许使用的农药清单

类别	物资名称	备注
I.植物和动物来源	楝素（苦楝、印楝等提取物，如印楝素等）	杀虫
	天然除虫菊素（除虫菊科植物提取液）	杀虫
	苦参碱及氧化苦参碱（苦参等提取物）	杀虫
	蛇床子素（蛇床子提取物）	杀虫、杀菌

续表

类别	物资名称	备注
I.植物和动物来源	小檗碱（黄连、黄柏等提取物）	杀菌
	大黄素甲醚（大黄、虎杖等提取物）	杀菌
	乙蒜素（大蒜提取物）	杀菌
	苦皮藤素（苦皮藤提取物）	杀虫
	藜芦碱（百合科藜芦属和喷嚏草属植物提取物）	杀虫
	桉油精（桉树叶提取物）	杀虫
	植物油（如薄荷油、松树油、香菜油、八角茴香油等）	杀虫、杀螨、杀真菌、抑制发芽
	寡聚糖（甲壳素）	杀菌、植物生长调节
	天然诱集和杀线虫剂（如万寿菊、孔雀草、芥子油等）	杀线虫
	具有诱杀作用的植物（如香根草等）	杀虫
	植物醋（如食醋、木醋和竹醋等）	杀菌
	菇类蛋白多糖（菇类提取物）	杀菌
	水解蛋白质	引诱
	蜂蜡	保护嫁接和修剪伤口
	明胶	杀虫
	具有驱避作用的植物提取物（大蒜、薄荷、辣椒、花椒、薰衣草、柴胡、艾草、辣根等的提取物）	驱避
	害虫天敌（如寄生蜂、瓢虫、草蛉、捕食螨等）	控制虫害
Ⅱ.微生物来源	真菌及真菌提取物（白僵菌、轮枝菌、木霉菌、耳霉菌、淡紫拟青霉、金龟子绿僵菌、寡雄腐霉菌等）	杀虫、杀菌、杀线虫
	细菌及细菌提取物（芽孢杆菌类、荧光假单胞杆菌、短稳杆菌等）	杀虫、杀菌
	病毒及病毒提取物（核型多角体病毒、质型多角体病毒、颗粒体病毒等）	杀虫
	多杀霉素、乙基多杀菌素	杀虫
	春雷霉素、多抗霉素、井冈霉素、嘧啶核苷类抗菌素、宁南霉素、申嗪霉素、中生菌素	杀菌
	S-诱抗素	植物生长调节
Ⅲ.生物化学产物	氨基寡糖素、低聚糖素、香菇多糖	杀菌、植物诱抗
	几丁聚糖	杀菌、植物诱抗、植物生长调节

类别	物资名称	备注
	苄氨基嘌呤、超敏蛋白、赤霉酸、烯腺嘌呤、羟烯腺嘌呤、三十烷醇、乙烯利、吲哚丁酸、吲哚乙酸、芸苔素内酯	植物生长调节
IV. 矿物来源	石硫合剂	杀菌、杀虫、杀螨
	铜盐（如波尔多液、氢氧化铜等）	杀菌，每年铜使用量不能超过 6 千克 / 公顷
	氢氧化钙（石灰水）	杀菌、杀虫
	硫黄	杀菌、杀螨、驱避
	高锰酸钾	杀菌，仅用于果树和种子处理
	碳酸氢钾	杀菌
	矿物油	杀虫、杀螨、杀菌
	氯化钙	用于治疗缺钙带来的抗性减弱
	硅藻土	杀虫
	黏土（如斑脱土、珍珠岩、蛭石、沸石等）	杀虫
	硅酸盐（硅酸钠、石英）	驱避
	硫酸铁（3 价铁离子）	杀软体动物
V. 其他	二氧化碳	杀虫，用于贮存设施
	过氧化物类和含氯类消毒剂（如过氧乙酸、二氧化氯、二氯异氰尿酸钠、三氯异氰尿酸等）	杀菌，用于土壤、培养基质、种子和设施消毒
	乙醇	杀菌
	海盐和盐水	杀菌，仅用于种子（如稻谷等）处理
	软皂（钾肥皂）	杀虫
	松脂酸钠	杀虫
	乙烯	催熟等
	石英砂	杀菌、杀螨、驱避
	昆虫性信息素	引诱或干扰
	磷酸氢二铵	引诱

二、A 级绿色食品生产允许使用的其他农药清单

当上表中所列农药不能满足生产需要时，A 级绿色食品生产还可按照农药产品标签或《农药合理使用准则》（GB/T 8321）的规定使用下列农药（共 141 种）。

1、杀虫杀螨剂（共 39 种）

苯丁锡、吡丙醚、吡虫啉、吡蚜酮、虫螨腈、除虫脲、啶虫脒、氟虫脲、氟啶虫胺腈、氟啶虫酰胺、氟铃脲、高效氯氰菊酯、甲氨基阿维菌素苯甲酸盐、甲氰菊酯、甲氧虫酰肼、抗蚜威、喹螨醚、联苯肼酯、硫酰氟、螺虫乙酯、螺螨酯、氯虫苯甲酰胺、灭蝇胺、灭幼脲、氰氟虫腙、噻虫啉、噻虫嗪、噻螨酮、噻嗪酮、杀虫双、杀铃脲、虱螨脲、四聚乙醛、四螨嗪、辛硫磷、溴氰虫酰胺、乙螨唑、茚虫威、唑螨酯。

2、杀菌杀线虫剂（共 57 种）

苯醚甲环唑、吡唑醚菌酯、丙环唑、代森联、代森锰锌、代森锌、稻瘟灵、啶酰菌胺、啶氧菌酯、多菌灵、噁霉灵、噁霜灵、噁唑菌酮、粉唑醇、氟吡菌胺、氟吡菌酰胺、氟啶胺、氟环唑、氟菌唑、氟硅唑、氟吗啉、氟酰胺、氟唑环菌胺、腐霉利、咯菌腈、甲基立枯磷、甲基硫菌灵、腈苯唑、腈菌唑、精甲霜灵、克菌丹、喹啉铜、醚菌酯、嘧菌环胺、嘧菌酯、嘧霉胺、棉隆、氰霜唑、氰氨化钙、噻呋酰胺、噻菌灵、噻唑锌、三环唑、三乙膦酸铝、三唑醇、三唑酮、双炔酰菌胺、霜霉威、霜脲氰、威百亩、萎锈灵、肟菌酯、戊唑醇、烯肟菌胺、烯酰吗啉、异菌脲、抑霉唑。

3. 除草剂（共 39 种）

2 甲 4 氯、氨氯吡啶酸、苄嘧磺隆、丙草胺、丙炔噁草酮、丙炔氟草胺、草铵膦、二甲戊灵、二氯吡啶酸、氟唑磺隆、禾草灵、环嗪酮、磺草酮、甲草胺、精吡氟禾草灵、精喹禾灵、精异丙甲草胺、绿麦隆、氯氟吡氧乙酸（异辛酸）、氯氟吡氧乙酸异辛酯、麦草畏、咪唑喹啉酸、灭草松、氰氟草酯、炔草酯、乳氟禾草灵、噻吩磺隆、双草醚、双氟磺草胺、甜菜安、甜菜宁、五氟磺草胺、烯草酮、烯禾啶、酰嘧磺隆、硝磺草酮、乙氧氟草醚、异丙隆、唑草酮。

4. 植物生长调节剂（共 6 种）

1- 甲基环丙烯、2,4- 滴（只允许作为植物生长调节剂使用）、矮壮素、氯吡脲、萘乙酸、烯效唑。

附录 2　种植农产品部分病虫害图例

蚜虫危害豇豆

斑潜蝇危害豇豆

豇豆锈病 – 叶片正面

豇豆锈病 – 叶片背面

番茄白粉病

番茄灰霉病

葱蚜危害韭菜　　　　　　　　　　　韭菜疫病

韭菜灰霉病　　　　　　　　　　　　韭蛆

韭菜蓟马　　　　　　　　　　　　韭蛆危害状

芹菜叶斑病（早疫病）　　　　　　　　芹菜斑枯病（晚疫病）

芹菜灰霉病　　　　　　　　　　　芹菜菌核病

芹菜蚜虫　　　　　　　　　　　芹菜甜菜夜蛾

灰霉病危害草莓果实

草莓红蜘蛛严重危害结网状

白粉病危害草莓果实

草莓白粉病危害草莓叶片

蚜虫危害草莓花、叶、果实

草莓根瘤病

辣椒蚜虫

烟粉虱危害辣椒

辣椒白粉病

辣椒蓟马

辣椒根结线虫

辣椒茶黄螨

粉虱危害黄瓜

黄瓜灰霉病

黄瓜霜霉病

蚜虫危害黄瓜

黄瓜白粉病

红蜘蛛危害黄瓜

番茄潜叶蛾幼虫及危害状

番茄烟粉虱及煤污病

番茄脐腐病

番茄叶霉病

番茄晚疫病

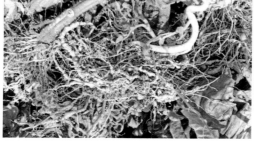

番茄根结线虫

黄曲条跳甲危害小白菜　　　　　　　　黄曲条跳甲危害小白菜

小白菜黑斑病　　　　　　　　　　　小白菜菌核病

蚜虫危害小白菜　　　　　　　　　　黄瓜白粉病